强者：赢定的艺术

蔡晓峰　编著

吉林文史出版社
JILIN WENSHI CHUBANSHE

图书在版编目（CIP）数据

强者：赢定的艺术 / 蔡晓峰编著. -- 长春 ：吉林
文史出版社，2019.8（2023.9重印）

ISBN 978-7-5472-6504-8

Ⅰ. ①强… Ⅱ. ①蔡… Ⅲ. ①成功心理－通俗读物
Ⅳ.①B848.4-49

中国版本图书馆CIP数据核字(2019)第166048号

强者：赢定的艺术
QIANGZHE YINGDING DE YISHU

编　　著　蔡晓峰
责任编辑　宋昀浠
封面设计　韩立强
出版发行　吉林文史出版社有限责任公司
地　　址　长春市净月区福祉大路5788号
网　　址　www.jlws.com.cn
印　　刷　天津海德伟业印务有限公司
版　　次　2019年8月第1版
印　　次　2023年9月第3次印刷
开　　本　880mm×1230mm　　1/32
字　　数　145千
印　　张　6
书　　号　ISBN 978-7-5472-6504-8
定　　价　32.00元

前言
PREFACE

当现实给你一记又一记响亮的耳光时，当所有人都在嘲笑你时，你的脑海里是否开始怀疑自己？

你我皆凡人，活在人世间。是为活着而活着，还是为自己而活着？平凡人的人生有两种：第一种是静候命运的安排，进退随波，贵贱逐流，就像棋盘上的卒子。第二种是不甘心接受命运的安排，尽管自己只是一枚卒子，却要做自己命运的主人。

汤姆·克鲁斯在出演《壮志凌云》之前，只能在好莱坞扮演一些小角色，有时甚至连片酬都没有。导演们拒绝他的理由是"不够英俊，皮肤太黑了，演技太幼稚"等等。导演们用这些看似非常有说服力的理由否定汤姆·克鲁斯。然而，这些话在今天都变成了笑话。

此外，像乔治·克鲁尼在出演《急诊室》之前、金·凯瑞在出演《变相怪杰》之前、尼古拉斯·凯奇在出演《远离赌城》之前，他们都为扮演各种小角色而奔波。但他们后来都变成了好莱坞的票房保证。

我们要用自己的脚步，来丈量生命的幅员。原来，一个人可以比自己想象中更强大。你不知道前方有什么在等待着你，就像不知道你在期望着什么样的生活一样。但是你要相信，你永远比自己想象中更强大。

　　想象往往比做更困难。勇敢地去做，你会发现很多困难都是自己想象出来的。勇敢地去面对，你会发现原来自己可以这么强大。即便真的头破血流，那也是人生中的一场宝贵经历。

目录
CONTENTS

第一章
真正的强大源于内心

也许你的生活并不富裕，也许你的工作收入不高，也许你正处于困境之中……

不论你正在遭受什么、承受什么，请你在出门时，一定要把自己打扮得清清爽爽，面带微笑，从容自若地面对生活。外界无论如何是压不垮你的，内心的强大才是真正的强大。

埋葬"我不能"先生

你的信心在哪里，你就在哪里。一个外国老太太在年届 70 岁时开始学习登山，随后的 25 年中一直冒险攀登高山，其中几座还是世界上有名的山峰。在她 95 岁高龄时登上了日本的富士山，打破了攀登此山年龄的最高纪录。她成功的原因在于，她认为一个人能做什么事不在于年龄的大小，而在于有什么样的想法。

11 岁的安琪拉患了一种神经系统的疾病，无法走路，甚至举手投足也受到诸多限制，医生预测她的余生将在轮椅上度过。但是，安琪拉并不畏惧，她躺在医院病床上向任何一个愿意倾听的人发誓，有一天她绝对会站起来走路。后来她被转到旧金山的复健专科医院，医生们为她不屈的意志所感动，便教她运用想象力去看到自己在走路，医生认为这至少能给安琪拉以希望，使她在长期卧床中能有些积极的想法。但是，安琪拉却做得非常认真。

有一天，她再度使尽全力想象自己的双腿在行动时，床真的动了，并开始向房间外移动。她兴奋地大叫："看看我！看啊！看啊！我动了！我可以动了！"医生们隐瞒了地震的事实，让安琪拉相信是她真的动了。结果，几年后，安琪拉真的又回到了学校。不用拐杖，不用轮椅，而是用她的双脚。

"我不能"死了，"信心"才能诞生。唐娜是美国一位即将退休的小学四年级的老师，一天她要求班上的学生和她一起在纸上认真填写自己认为"做不到"的事情。每个人都在纸上写下他们所不能做的事。诸如："我没法做 10 次仰卧起坐""我不能吃一块饼干就停止"。唐娜则写下"我无法让约翰的母亲来参加母子会""我没办法让黛比喜欢我""我无法好好管教亚伦"。然后大家将纸投入了一个空盒内,将盒子埋在了运动场的一个角落里。

唐娜为这个埋葬仪式致辞:"各位朋友,今天很荣幸能邀请各位来参加'我不能'先生的葬礼。他在世的时候,参与我们的生命,甚至比任何人影响我们还深。现在,希望'我不能'先生平静安息……希望您的兄弟姊妹'我可以''我愿意'能继承您的事业。虽然他们不如您来得有名,有影响力。愿'我不能'先生安息,也希望他的死能鼓励更多人站起来,向前迈进。阿门!"

之后,唐娜将"我不能"纸基碑挂在教室中,每当有学生无意说出:"我不能……"这句话时,她便指向这个象征死亡的标志,孩子们就立刻想起"我不能"已经死了,进而想出积极的解决方法。

唐娜对孩子们的训练,实际上是我们每个人必修的功课。如果我们经常有意无意地暗示自己"我不能",那么,这种坏的信念就会摧毁我们的一切,而"我可以""我愿意"等积极的暗示,则可以调动起我们积极的潜意识,使我们变得更加强大。

摆脱心中的枷锁

内心的力量无穷，可以超越困难、可以突破阻挠、可以粉碎障碍。正如一位哲人所说："世界上没有跨越不了的事，只有无法逾越的心。"

一代魔术大师、逃生专家胡汀尼有一手绝活:能在极短的时间内打开无论多么复杂的锁，从未失手。他曾为自己定下一个富有挑战性的目标:要在60分钟之内，从任何锁中挣脱出来。条件是让他穿着特制的衣服进去，并且不能有人在旁边观看。

有一个英国小镇的居民，决定向伟大的胡汀尼挑战，有意给他难堪。他特别打制了一个坚固的铁牢，配上一把看上去非常复杂的锁，请胡汀尼来接受挑战。

胡汀尼来了。他穿上特制的衣服，走进铁牢中，牢门"喱啷"一声关了起来，大家遵守规则转过身去，胡汀尼从衣服中取出自己特制的工具开始工6作。

30分钟过去了，胡汀尼用耳朵紧贴着锁，专心地工作着;45分钟、一个小时过去了，胡汀尼头上开始冒汗，两个小时过去了，胡汀尼始终听不到期待中的锁簧弹开的声音。他筋疲力尽地将身体靠在门上坐下来，结果牢门却顺势而开，原来，牢门根本没有上锁，那把看似很厉害的锁只是个样子。

小镇居民成功地捉弄了这位逃生专家，门没有上锁，自然也就无法开锁，但胡汀尼心中的门却上了锁。

你的心里是否也上了一把锁?

生活中种种看似艰难异常的事情真的就无法解决吗? 种种看

似无法逾越的险峰真的是无法超越吗？生活中很多时候我们都喜欢作茧自缚，用一把无形的锁捆缚住自己的心，让我们看不清现实。打开心灵的枷锁吧，只有打破思维的定式，才能冲破一道道难关，才能使我们不断迈向成功。

有一位挪威人，在他 23 岁时被人陷害，在监狱里待了 9 年。后来冤案告破，他开始了常年如一日的反复控诉、咒骂："我真不幸，在最年轻有为的时候遭受冤屈，在监狱里度过本应最美好的时光。那简直不是人待的地方，狭窄得连转身都困难，窄小的窗口里几乎看不到阳光，冬天寒冷难忍，夏天蚊虫叮咬。真不明白上帝为什么不惩罚那个陷害我的家伙，即使将他千刀万剐也难解我心头之恨啊！"

73 岁那年，在贫困交加中，他终于卧床不起。弥留之际，牧师来到床边，对他说："可怜的孩子，去天堂之前，忏悔你在人世间的一切罪恶吧！"病床上的他依然对往事怀恨在心、耿耿于怀："我没有什么需要忏悔，我需要的是诅咒，诅咒那些施于我不幸命运的人。"

牧师问："你因受冤屈在牢房里待了多少年？"他恶狠狠地告诉了牧师。牧师长长叹了一口气："可怜的人，你真是世界上最不幸的人，对你的不幸我感到万分同情和悲痛。他人囚禁了你 9 年，而当你走出监狱本应获取永久自由时，你却用心底的仇恨、抱怨、诅咒囚禁了自己整整 41 年。"

在漫长的人生道路上，有着太多的酸甜苦辣、太多的喜怒哀乐以及悲欢离合。过去的已经过去，如果我们把这一切包袱都背在身上，走得岂不太累？还怎能去体会人生其他乐趣呢？如果往事不堪回首，却一味地缅怀，岂不是自作自受？

有些人的生活罗盘经常失灵。日复一日在迷宫般的、无法预测也乏人指引的茫茫人生中失去了方向。他们不断触礁，别人却技高一筹地继续前行，安然战胜每天的挑战，平安抵达成功的彼岸。为了保持正确的航线，为了不被沿路上意想不到的障碍困住，你需要一个可靠的内部导引系统：一个有用的罗盘，为你在人生困境中指引出一条通往成功的康庄大道。

可悲的是，太多人从未抵达终点，因为他们借助失灵的罗盘来航行。这失灵的罗盘可能是扭曲的是非感，或蒙蔽的价值观，或自私自利的意图，或是未能设定的目标，或是无法分辨轻重缓急，简直不胜枚举。

消除嫉妒的"毒瘤"

韩愈曾说："德高而毁来，事修而谤兴。"雨果则表达得更简洁："嫉妒是一种愤怒的敬佩。"一个人的嫉妒往往是由于别人的某些方面胜过自己而产生的不良心态。

一只老鹰常常嫉妒别的老鹰飞得比它高。有一天，它看到一个带着弓箭的猎人，便对猎人说："我希望你帮我把天空中其他老鹰射下来。"

猎人说："你若提供一些羽毛，我就把它们射下来。"

于是老鹰从自己的身上拔了几根羽毛给猎人，但猎人却没有射中其他的老鹰。它一次又一次地提供身上的羽毛给猎人，直到身上大部分的羽毛都拔光了。于是猎人转身过来抓住了它。

嫉妒是一把双刃剑，在你想伤害别人的时候，其实最先伤到的就是你自己。嫉妒对嫉妒者的伤害，正如铁锈对钢铁的伤害一样。

心胸狭窄者之所以避免不了失败的结局，就在于他们心存不良。除了伤人害己，别无他途。

程梦涵是一家公司公关部的主管，工作能力很强，人长得也漂亮，很受领导的赏识，来到公司这几年，工作上可谓顺风顺水。

今年，公司由于业务发展的需要，招了十名应届本科毕业生。在这些大学生还没到公司报到的时候，程梦涵就听人力资源部的人议论说有一个叫张梓欣的女孩不仅名牌大学毕业，长得也十分漂亮。

　　凑巧的是，过了几天，张梓欣来报到了，正好跟程梦涵在一个部门。

　　张梓欣确实长得很漂亮，而且人也随和，同事都很喜欢她，总是主动跟她说话，教她一些工作上的经验。领导对张梓欣也很赏识，张梓欣刚到公司半年，就已经开始独立负责项目了。这一切，都让程梦涵妒火中烧。

　　以前，自己是领导眼前的红人，眼看着地位就要被张梓欣抢走，更何况张梓欣才毕业半年，还是个毛孩子，凭什么就能独立做项目？程梦涵越想越气，恨不得赶紧让张梓欣离开她的视线。

　　于是，程梦涵经常到领导那儿去"打小报告"：说张梓欣在工作中总是偷懒，什么工作都做不好，而且目中无人，部门其他同事也都对张梓欣意见很大。但是，领导并没有听程梦涵的一面之词，也没有批评张梓欣，这让程梦涵更加愤怒。

　　有一天，程梦涵发现张梓欣正在负责一个对于公司很重要的项目，张梓欣也一直忙于这个项目执行方案的策划，程梦涵和她说话的时候，她也经常顾不上，有时候只是抬头笑一笑。张梓欣确实是忙得抬不起头来，可是程梦涵却认为是张梓欣自命不凡，根本不把她放在眼里。一转眼就是张梓欣那个项目洽谈的时间了，前一天，张梓欣与客户那边的负责人约好，把方案准备好就回家了。下班之后，程梦涵发现张梓欣把方案放在了桌子上，于是，心里产生了一个念头，她拿起包装精美的方案放到了自己的抽屉里。

　　结果可想而知，第二天一早，领导与张梓欣正要去与客户见面，突然发现放在桌子上的方案不翼而飞，张梓欣怎么找也找不到，着急地哭了，而程梦涵则在一旁幸灾乐祸。领导也大发雷霆，狠狠地训斥了张梓欣。没办法，张梓欣只好重新打印了一份方案出来，但是没有修饰过的方案看起来很寒酸。客户看了方案，认为他们对这个项目不够重视，不与他们合作了。

损失了几十万的生意，领导十分生气，一定要查出到底是谁拿了张梓欣的方案。最后公司在程梦涵的抽屉里发现了那份方案，程梦涵也被公司辞退了。原本大有前途的年轻主管，只因嫉妒之心断送了自己的事业。

英国作家亚当契斯说："不要让嫉妒的毒蛇钻进你的心里，这条毒蛇会腐蚀你的头脑，毁坏你的心灵。"既然嫉妒如毒素，就要转移它，不让嫉妒之火成为心中的绳索。你要明白，嫉妒实质上是在不知不觉中毁灭了你自己。一滴水成不了海洋，一棵树成不了森林。任何事业的成功都少不了合作，而嫉妒却总是会拆散所有的合作。因此，想要克服嫉妒，你就要时刻提醒自己：只有你自己将一事无成。

古今中外关于嫉妒有很多著名的故事。相传，清朝雍正年间有个侠士叫白泰官。一次他游历归来，回到他阔别十多年的故乡。在村外的坟场上，遇见一个八九岁的小孩在练武，身手不凡。白泰官看得出神，猛然想到这个小孩长大后，其武艺一定在自己之上。于是，一股妒火胸中燃起，竟在寻衅比武中置小孩于死地。小孩气绝前，盯着白泰官咬牙切齿地说："我父亲白泰官回来一定会给我报仇！"这句话，像一声霹雳。白泰官惊呆了，原来妒火中烧害死的竟是自己的亲骨肉。

嫉妒是一种复杂的心理状态，是对别人在才能、收入、成就、人际关系等各方面高于自己时所产生的一种由羡慕至恼怒、怨恨的情绪。尤其是当别人的客观条件与自己相近，地位却优于自己的时候，更容易产生嫉妒心理。嫉妒的人总是很难看到别人为成功所付出的努力，而总是想方设法对别人进行诋毁中伤，甚至诽谤。

　　做人如果不能控制自己的欲望，就会成为欲望的奴隶，最终丧失自我，被欲望所役。我们应该明白：即使拥有整个世界，我们一天也只能吃三餐，这是人生思悟后的一种清醒。谁真正懂得它的含义，谁就能活得轻松，过得自在。白天知足常乐，夜里睡得安宁，走路感觉踏实，蓦然回首时没有遗憾！

时刻与惰性作斗争

当古代以色列人离开埃及被红海阻拦时，他们的领袖向上帝祈求救助，上帝的回答是："你为什么向我呼喊求救呢？对以色列的子民们去说吧，他们会一直奋勇向前。"果然，当以色列人凭着坚忍的信念走进红海时，海水分开，在波涛滚滚之中，露出一条陆地通道，他们成功地到达了彼岸。

人生何尝不是如此呢？问题在于，我们总是一刻不停地寻找那些所谓的"重要"机遇，希望靠一个"机会"来达到致富或成名的目的，即爱默生所指出的那种"浅薄的美国主义"。我们不想有什么锻炼或做什么学徒工，我们只想一下子就成为大师级的人物；我们不想努力地学习，只想轻松获得知识；我们不想脚踏实地实干，只想有巨大的收获。

对于懒惰者而言，即使千载难逢的机遇也毫无用处，而勤奋者却能将最平凡的机会变为千载难逢的机遇。想一想，尘世间有无数的工作在等人去做，而人类的本质又是那么特殊，哪怕是一句欢快的话语或是些许帮助，就会有助于别人力挽狂澜或是为他们的成功扫清了道路，上天赋予我们的才能是均等的，我们都有成就自己的可能。所以，不要等待机会出现，而要寻找机会，发现机会，创造机会。这就需要我们智慧的行动，充满爱心的行动和完全对自己负责的行动。只有你上路时，你才能领略一路上的风光美景。

惰性是一种隐藏在你内心深处的东西。一帆风顺的时候，你也许看不到它，而当你碰到困难，身体疲惫，精神萎靡不振时，它就会像恶魔一样吞噬你的耐力，阻碍你走向成功。所以，我们必须克服它，要时刻想着从困难的漩涡中挣脱出来。

古今中外，凡事业有成者必有耐力。坚定执着，不屈不挠的斗志是他们获得成功的关键。发明大师爱迪生在分析自己的亲身经历时，无不感叹地说："世上哪有什么天才。天才是百分之一的天分，加上百分之九十九的努力。"他告诫人们，要有所作为，就必克服惰性，以饱满的热情，坚定执着地面对一切。

当你身心疲惫时，你会觉得连动一下小手指都很吃力。可是靠着坚强的耐心，活动的速度也会加快，最终能够完全按照自己的意志自由活动了。这就是克服惰性的耐力带给你的成功。

在人生路上，总会碰到这样或那样的困难和挫折。有耐力的人遇到困难和挫折时，就像投了保险一样镇定自若，绝不会惊惶失措，更不会像斗败的公鸡一样垂头丧气。他们无论失败多少次，最后必定实现事业的成功。

古人云："天将降大任于斯人，必先苦其心志。"这就好像有人故意安排，成功者必须经历种种失败和挫折的考验，只有不畏困苦的锤炼，跌倒了也毫不在乎地站起来，继续昂首前进的人才能获得最后的成功。隐藏在内心深处的惰性是不会让人轻易通过耐力测试的。要享受成功的喜悦，换而言之，就是要有坚强的耐力，就必须克服与生俱来的惰性。

有耐力的人就必定有所收获。不管这些人的目标是什么，他们在经历无数的风雨之后，必定有赢得成功的一天。不仅如此，他们除了获得最终的成功之外，还能从中更深地体会到——无论哪一次失败和挫折，必然藏有能产生更大希望的成功。

纵观古今，还没有听说过有哪一个懒惰成性的人取得过什么成功。只有那些在困难和挫折面前全力拼搏的人，才有可能达到成功的巅峰，才有可能走在时代的最前列。对于那些从来不愿接受新的挑战，不敢正视困难与挫折，无法迫使自己去从事艰辛繁重工作的人来说，他们是永远不可能有太大成就的。

所以，我们应该严格要求自己，不要放任自己无所事事地打发时光，不要让惰性爬出来咬噬我们的斗志。我们要学会调节自己的情绪，不管是处于一种什么样的心境，都要迫使自己去努力工作。

绝大多数的失败者之所以失败，是因为他们滋长了内心深处的惰性。他们不能获得最后的成功是因为他们不肯从事辛苦的职业，不愿付出辛勤的劳动，不愿意做出必要的努力。他们所希望的只是一种安逸的生活，他们陶醉于现有的一切。身体上的懒惰懈怠，精神上的彷徨冷漠，对一切放任自流，总想逃避挑战，去过一劳永逸的生活……所有这一切，使他们慢慢地变得默默无闻，碌碌无为。

一个人在工作和生活上的惰性，最初的症状之一就是他理想与抱负在不知不觉中日渐褪色和萎缩。对于每一个渴望成功的人来说，养成时刻检视自己抱负的习惯，并永远保持高昂的斗志是至关重要的。要知道，一切取决于我们的远大志向，一个人如果胸无大志，游戏人生，那是非常危险的。一旦我们停止使用我们的肌肉和大脑，一些本来具备的优势和能力也会在日积月累之后开始生疏，退化，最终离我们而去。如果我们不能不断地给自己的抱负加油，如果你不通过反复的实践来强化我们的能力，不彻底铲除隐藏在心底的惰性，那么，成功就会变得离我们异常遥远。

在我们周围的人群中，由于没有克服惰性，最后理想破灭，斗志丧失的人多得数不胜数。尽管他们外表看来与常人无异，但实际上曾经一度在他们心中燃烧的热情之火已经熄灭，取而代之的是无边无际的黑暗。

对于任何人来说，不管他现在的处境是多么恶劣，或者是先天条件多么糟糕，只要有耐力，只要他能够保持高昂的斗志，热情之火不灭，那么他就大有希望。但是，如果他任由惰性蔓延，变得颓废消极，心如死灰，那么，人生的锋芒和锐气也就消失殆尽了。在我们生活中，最大的挑战就是如何克服心底的惰性，保持高昂的斗志，让渴望成功的炽热火焰永远燃烧。

敢于尝试才有机会

在很久以前，有一座很坚固的城堡，城堡里有什么，谁也不知道，只是流传着一些美丽的传说。一天有一个年轻人来到唯一的城门口，门口耸立着一个巨人，横眉竖眼，执戟而立，令人望而却步。年轻人很胆怯地挪到门口，小声地问："你可以让我进去吗？""可以，不过要看你有多大的本事。而且，里面还有很多门，我只是其中的一个门卫而已。"年轻人想了想就退了回来。

第二天，他仍在门外向门内张望，但一想起那个门卫便又胆怯了。

第三天，他又在门外徘徊，但是门卫毫无表情的脸又一次击碎了他想进去的梦。

几番寒暑交替，年轻人早已到了两鬓若霜发如雪的年纪，但他仍然不知道城里面究竟是什么。在他生命结束时，门卫叹道："你在门口犹豫了几十年，为什么不进去看看？"。

是啊，为什么不迈出一步跨进城门呢？为什么不迈出这一步呢？第一步确实很难，因为如果不成功，就会丢人现眼被人取笑。但我们为何就不能"走自己的路，让别人去说"呢？那个年轻人如果迈出第一步，也许早就别有一番景致在心头了，可惜的是他并没有为了那个神奇的传说努力去寻找。

有希望就有失望的危险，尝试也有失败的可能。但是不尝试如何能有收获？不尝试怎么能有进步？不做也许可以免于受挫折，但也有失去了可以学习或爱的机会。一个把自己限于牢笼中的人，是生活的奴隶，无异于丧失了生活的自由。只有勇于尝试的人，才能拥有生活的自由。

美国人巴士卡利亚在小时候，人们常常告诫他："一旦选错行，梦想就不会成真。"并告诉他，他永远不可能上大学，劝他把眼光放在比较实际的目标上。但是，他没有放弃自己的梦想，不但上了大学，还拿到了博士学位。当他决定抛弃已有的一份优越工作去环游世界时，人们说他最终会为此后悔，并且拿不到终生教职。但是，他还是上了路。结果，回来后不但找到了一份更好的工作，还拿到了终生教职。当他在南加州大学开办《爱的课程》时，人们警告他，他会被当作疯子。但是，他觉得这门课很重要，还是开了。结果，这门课使他改变了一生。他不但在大学中教《爱的课程》，还到广播电台和电视台中举办《爱的讲座》，受到美国公众的欢迎，成为家喻户晓的"爱的使者"。他说："每件值得的事都是一次冒险。怕输就会错失游戏的意义。冒险当然会带来痛苦的可能，可是从来不会冒险的空虚感更痛苦。"

事实上，无论我们选择试还是不试，时间总会过去。不试，什么也没有。试，虽然有风险，但总比空虚度过丰富。这里有一个让我们能鼓起勇气来一试的思维方式："可能发生的最坏的事情是什么？"

柯先生在北京市一家政府机关里有一个舒适的职位，但是他想当自己的老板，到深圳经营自己的小生意。他问自己："如果失败了，最坏的事情是什么呢？"他想到了倾家荡产。然后他继续问自己同样的问题："倾家荡产后最坏的事情是什么？"答案是他不得不干任何他能得到的工作。之后，最坏的事情可能是他又厌恶这种工作，因为他不喜欢受雇于别人。最终，他会再找一条路子去经营自己的生意。而这一次，有了上一次失败的教训，他懂得了如何避免失败而努力使自己成功。这样想过之后，他采取了行动，去经营自己的生意，并真的获得了成功。他总结说：

"你的生活不是试跑，也不是正式比赛前的准备运动。生活就是生活，不要让生活因为你的不负责任而白白流逝。要记住，你所有的岁月最终都会过去的，只有做出正确的选择，你才配说你已经活过了这些岁月。艰苦的选择，如同艰苦的实践一样，会使你全力以赴，会使你有力量。躲避和随波逐流是很有诱惑力，但是有一天回首往事，你可能意识到：随波逐流也是一种选择，但绝不是最好的一种。"

只有当我们选择尝试时，我们才能不断发现自己的潜力，从而找到最适合自己的事业。

美国画家惠斯勒最初想做军人，后来因为他化学不及格，从军官学校退学。他说："如果硅是一种气体，我应该已经是少将了。"

司格特原想做诗人，但他的诗比不上拜伦，于是他就改写小说。

有一位师范学校毕业的学生，不甘心做一名中学老师，便辞去工作进入商界，后又当记者，还曾一度在政府机关中任职。他先后换了六种不同的职业。最后发现自己最喜欢，最能发挥潜力的还是当中学老师。于是，又回到了原来的工作中。许多人就是这样东试西试，最后才找到了自己真正方向。与其让时间白白流逝或在自己虚拟的世界中猜想，不如到现实生活中去勇敢一试，而且，当真正选择了行动时，我们会发现其实事情并没有我们想象的那么难。

有一位名叫吴迪的新闻记者，极为羞怯怕生。有一天，他的上司叫他去采访市长，吴迪大吃一惊，说道："我怎能要求单独访问他？市长根本不认识我，他怎么肯接见我？"在场的一个记者立刻拿起电话打到市长的办公室，和市长的秘书说话，他说："我是市报的吴迪。"（吴迪在一旁大吃一惊）"我奉命采访市长，不知道他今天能否接见我几分钟?"他听到对方答话，然后说："谢谢你，下午一点，我会准时到。"他把电话放下，对吴迪说："你的约会安排好了。"事隔多年，吴迪提道："从那时起，我学会了单刀直入的办法。做来不易，却很有用。我每次克服了心中的畏怯，下次就比较容易一点。"

第二章

你最大的靠山是自己

在希腊帕尔纳索斯山南坡上，有一个驰名世界的戴尔波伊神托所，在它的入口处的巨石上赫然镌刻着这样几个大字"认识你自己"。

这就是古希腊哲学家们普遍认为的人类最高智慧。人的一生就是一个"认识自己"的过程。只有认识了自己，才能接受自己。接受自己的人生，接受上天赋予我们的一切。而只有接受了自己，才能更好地改变自己，让自己的人生更加丰满，更加美丽。

做独一无二的自己

一天，皇帝独自在花园里散步。他惊奇地发现，花园里所有的植物都枯萎了，一片荒凉。原来，橡树因为没有松树那么高大挺拔，轻生厌世地死了；松树因为不能像葡萄那样结出许多果子，也死了；葡萄哀叹自己终日匍匐在架上，不能直立，不能像桃树那样开出美丽可爱的花朵，也死了；牵牛花也病倒了，因为它叹息自己没有紫丁香那样的芬芳。其余的植物也都垂头丧气，无精打采。只有细小的心安草在茂盛地生长着。

皇帝问道："小小的心安草，别的植物全都枯萎了，为什么你这么勇敢乐观，毫不沮丧呢？"小草回答说："皇帝啊，我一点儿也不灰心失望，因为如果皇帝您想要一棵橡树、一棵松树、一丛葡萄、一株桃树、一株牵牛花、一棵紫丁香……您就会叫园丁把它们种上，而我知道您只希望我安心做小小的心安草。"

即使没有松树的高大挺拔，没有葡萄那样可以结出许多果实，没有桃树那样可以开出美丽可爱的花朵，心安草也从不悲观，仍然努力做自己。因为它知道，自己存在了就必然有自身的价值。

不只是花，每个人也都是一个独特的个体，都拥有自己独特的人生经历。要想获得怎样的生活状态，关键是你将怎样看待自己。

韩国18岁少女喜儿弹奏的钢琴曲非常动听，吸引了不少听众。

喜儿的双腿比正常人短，而且每只手上只有两根手指头，她并不聪明，只有七岁孩的智力。但这个少女似乎对自己的命运很满意，她丝毫没有察觉自己的缺陷，还经常面带微笑和别人交流。而且非常刻苦地练习弹奏钢琴。在她看来，正是因为自己只有4根手指头，所以很多人才喜欢听她演奏，她觉得幸福极了。

她喜欢自己，接纳自己，丝毫不在意旁人怪异的目光。这种健康心态取决于她有一位懂得教育的妈妈。

曾经有记者采访喜儿的妈妈："当您第一次看到孩子的手指时，您是什么感受？"

妈妈说："我觉得我们家喜儿的手指很漂亮，当她晃动两根手指时，就像绽放的花朵一样美丽，我经常对喜儿说'宝贝，你的手指真漂亮，咱们换手指，好吗？'"

喜儿的妈妈丝毫不在意别人对喜儿的评价，她总是不停地告诉喜儿："你的手指是世界上最漂亮的手指。"因此喜儿丝毫没有被身上的缺陷所伤害，她总是快快乐乐的。

生活于世间的每个人都是独一无二的，没有任何人可以替代，你的思想、你的行为、你的身体、你的意识……都是属于你最独特的存在。世上不幸的人各有各的不幸和困苦，关键是你怎样来看待这种不幸和困苦。像文中的喜儿，虽然从出生开始就有缺陷，但她相信自己的缺陷是自己最独特的存在，所以能一直乐观开朗地面对自己的人生。

有史以来，上百亿人曾经生活在这个地球上，但永远不会有第二个你。你是地球上一个独特的，不可复制的生物。这些特性赋予你极大的价值。

每个人的心中都有一朵生命之火，都有一颗生命的种子。这火，要燃烧出亮丽的人生；这种子要发芽，长成参天的大树。告诉全世界："我是与众不同的！"

做你最擅长做的事

人都有优点和缺点,有自己擅长的事,也有自己不擅长的事。只有找到自己最擅长的事情,才能够最大限度地发挥自己的潜力,才能调动自己身上一切可以调动的积极因素,才能把自己的优势发挥得淋漓尽致,从而取得更大的成绩,到达成功的彼岸。

英国著名的诗人济慈本来是学医的,但是后来他发现自己对文学情有独钟,而且很有天赋,于是弃医从文,把自己的整个精力投入到文学当中。虽然济慈英年早逝,只活了二十几岁,但是他为人类留下了许多脍炙人口的诗篇。马克思年轻的时候也曾经想做个诗人,并为之努力了很长一段时间,但是他很快就发现了自己的长处并不在这里,便毅然放弃了做诗人的梦想,转而研究社会文化。

他们对自己有清醒的认识,在选错路的时候,能够当机立断,选择自己擅长的事情,并因此获得巨大的成功。

做自己擅长的事情,你才会从心里充满激情,积极思考。一个人只有客观地看待自己、评价自己、找准自己的位置,才能有信心去做自己能做并应该做的事情,才有可能取得成功。如果你连自己能干什么,擅长做什么都不知道,你怎么能够充分发挥自己的优势呢?怎么能够扬长避短呢?清醒地认识自己,看准自己的起点、着力点和努力的方向,会让你少走很多的弯路。

1929 年,乔·吉拉德出生在一个贫民窟里。从上小学开始,他就开始出来打工挣钱。他擦过皮鞋、卖过报纸、做过洗碗工、送货员、电驴装配工和住宅建筑承包商，等等。但是一直没有找到适合自己的工作，生活非但没有得到改善，还欠了一身的外债，就连妻儿的吃喝都成了问题。为了改变家里的经济状况，他开始步入销售的行业，学习卖汽车。

在这个行业里，乔·吉拉德如鱼得水，他以极大的专注和热情投入到工作中，工作非常卖力。无论任何时间任何地点，他抓住一切机会推销他的产品。只要碰到人，他就把名片递过去。就这样过了三年，乔·吉拉德成了全世界最伟大的销售员。谁能料到当初那个如此普通，且还背了一身债务几乎走投无路的人，竟然能够在短短的三年内被吉尼斯世界纪录评为"世界上最伟大的销售员"。到如今，他还保持着销售昂贵产品的空前纪录——平均每天卖出6辆汽车。他一直被欧美商界誉为"能向任何人推销任何商品"的传奇人物。

乔·吉拉德做了很多种工作，却一直没有什么起色，直到他进入销售行业开始，他的人生才有了巨大的转变。由此可见，要想取得成功，最直接、最实用的方法就是做自己最擅长的事情。否则，你只能在漫无目的的忙碌中浪费自己宝贵的生命和时间。

张强是银行的工作人员，这个工作他已经做了十几年了，但是他从来没有对这份工作产生过热情，他想转行，却有诸多的犹豫。他觉得这个工作自己已经做了十几年了，突然换一份新的工作，不知道自己是否能够胜任。所以，他就这样一边抱怨，一边得过且过。因为不喜欢这份工作，也就没有用多少心思在工作上面，十几年了，在工作中一直都没有什么建树。

张强一直都想改变自己，但又抛不开过去的包袱，一直无法突破。生活中，有很多人都不喜欢自己目前的工作，却又因为这样或那样的原因勉为其难地做着。其实，既然知道自己即使再做下去也不会对这份工作产生什么兴趣，倒不如当机立断做出决定。只有做自己喜欢的事情，擅长的事情，才能激发自己的想象力和创造力，才能以极大的热情投入，才更容易取得成功。

一个人的能力是有限的，你不可能十八般武艺样样精通。知道自己能干什么不能干什么，给自己一个准确的定位，才是智慧的人，成功才会属于你。

一位作家曾说："我认为，人生的痛苦大都是因为把自己摆错了位置。18 年来，我从一开始'为生活而工作'，到目前'为理想而工作'，这是一条漫长艰辛的路程。只有你为理想而工作时，工作、生活与娱乐才可能合为一体。做自己最擅长的事，为此付出的任何牺牲与代价，你都会觉得是非常值得的。"

要想取得成功，不仅要善于观察周围的世界，更要善于观察自己、了解自己。努力发现自己的特点，根据自己的特长来为自己设计努力的方向，并量力而行。根据自己的条件、才能、素质和兴趣以及自己身处的环境确定事业的方向，才更容易取得成功。

如果你想自己的人生有所建树，那么你就要清醒地认识自己，了解自己的特长和天赋，明白自己内心的需求，然后再为之付出努力。做自己擅长的事情，才能充分发挥主观能动性。充分发挥自己的优势，做事情的时候才更有效率，才更容易取得成功。

是金子就一定要发出光芒

阿兰·米穆是一位历经辛酸从社会最底层拼搏出来的法国当代著名长跑运动员，法国10000米长跑纪录创造者，第14届伦敦奥运会10000米赛亚军、第15届赫尔辛基奥运会5000米亚军、第16届墨尔本奥运会马拉松赛冠军，后来在法国国家体育学院执教。

米穆出生在一个相当贫穷的家庭。从孩提时代起，他就非常喜欢运动。可是，家里很穷，他甚至连饭都吃不饱。这对任何一个喜欢运动的人来讲都是很难堪的。例如，踢足球，米穆就是光着脚踢的，他没有鞋子。他母亲好不容易替他买了双草底帆布鞋，为的是让他去学校念书穿的。如果米穆的父亲看见他穿着这双鞋子踢足球，就会狠狠地揍他一顿，因为父亲不想让他把鞋子踢破。

12岁时，米穆已经有了小学毕业文凭，而且评语很好。他母亲对他说："你终于有文凭了，这太好了！"妈妈去为他申请助学金。但是，遭到了拒绝！

没有钱念书，于是米穆就当了咖啡馆里跑堂的。他每天要一直工作到深夜，但还是坚持长跑。为了能进行锻炼，他每天早上5点钟就得起来，累得他脚跟都发炎了，只为了有碗饭吃。

米穆没有多少工夫去训练。不过，他还是咬紧牙关报名参加了法国田径冠军赛。米穆仅仅进行了一个半月的训练。他先是参加了10000米比赛，可是只得了第三名。第二天，他决定再参加5000米比赛。幸运的是，他得了第二名。就这样，米穆被选中并被带进了伦敦奥林匹克运动会。

对米穆来说，这简直是不可思议的事情！他在当时甚至还不知道什么是奥林匹克运动会，也从来想象不到奥运会是如此宏伟壮观。全世界好像都凝缩在那里了。在这个时刻，他知道自己是代表法国。

但有些事情让米穆感到不快，那就是，他并没有被人认为是一名法国选手，没有一个人看得起他。比赛前几个小时，米穆想请人替自己按摩一下，于是他便很不好意思地去敲了敲法国队按摩医生的房门。得到允许以后，他就进去了。

按摩医生转身对他说："有什么事吗，我的小伙计？"

米穆说："先生，我要跑10000米，您是否可以帮助我？"

医生一边继续为一个躺在床上的运动员按摩，一边对他说："请原谅，我的小伙计，我是被派来为冠军们服务的。"

米穆知道，医生拒绝替自己按摩，无非就是因为自己不过是咖啡馆里的一名小跑堂罢了。

那天下午，米穆参加了对他来讲具有历史意义的10000米决赛。他当时仅仅希望能取得一个好名次，因为伦敦那天的天气异常干热，很像暴风雨的前夕。比赛开始了，同伴们一个又一个地落在他的后面。米穆成了第四名，随后是第三名。很快，他发现，只有捷克著名的长跑运动员扎托倍克一个人跑在他前面。米穆最后得了第二名。

米穆就是这样为法国也为自己赢得了第一枚奥运银牌的。然而，最使米穆感到难受的，是当时法国的体育报刊和新闻记者。他们在第二天早上便边打听边嚷嚷："那个跑了第二名的家伙是谁呀？啊，准是一个北非人。天气热，他就是因为天热而得到第二名的！"瞧瞧，多令人心酸。

米穆感到欣慰的是，在伦敦奥运会4年以后，他又被选中代表法国去赫尔辛基参加第十五届奥运会了。在那里，他打破了10000 米法国纪录，并在被称之为"21 世纪 5000 米决赛"的比赛中，再一次为法国赢得了一枚银牌。

随后，在墨尔本奥运会上，米穆参加了马拉松比赛。他以 1 分 40 秒跑完了最后 400 米，终于成了奥运会冠军！

一件看似不可能的事情，通过自己的努力，也能最终让它变成可能。人具有无限大的潜力，只要自己不放弃，就没有人会成为你的阻碍。

在人生的旅途上，每个人都必定会遇到许多的阻碍，都可能会遭遇别人的轻视、嘲笑、打压……但这都没关系，要知道，一定的挫折反而会成为我们成功路上的助推器，帮助我们不畏艰险，越挫越勇，能让我们以更坚毅的态度、更刚强的意志来面对生活中可能有的风雨，并在未来的人生道路上越走越远。

生命的价值其实取决于我们自身，除了自己，没有人能让我们贬值。不要害怕自己被埋没，有时候正是这种埋没能让你更好地了解了自己，让别人更好地认识了你。要相信：只要你是金子，你就一定会发光的。不论出身如何，境遇如何，你的价值都不会因为这些因素而改变。

接受和改变自己的不足

人生在世，谁都不可能是十全十美的，谁都可能存在这样或那样的缺点和不足。当面对这些缺点和不足时，是选择逃避、退缩，让这些缺点一直存在，成为永久的缺点，还是勇敢地接受并改正这些缺点、不足，使自己更加完美，全在你的一念之间。

狄里斯生于公元382年，在西欧被称为"历史性的雄辩家"。据说，他的声音很低，而呼吸很短促，口齿不清，旁人经常听不懂他在说些什么。不过，他的知识非常渊博，因此他的思想也相当深奥，很擅长分析事理，几乎无人及。

当时，在狄里斯的祖国首都雅典，有很严重的政治纷争，因此，能言善辩的人格外受到重视。一向能最先提出时代潮流和趋势的狄里斯，认为自己缺乏说话技巧是很不适宜的，于是他作了一番充分的考虑，并且准备好演讲的内容，从容地走上了演讲台。但是，很不幸，他失败了。

原因就在于他发出的低音和肺活量不足，口齿不清，以至于别人无法听清楚他所说的话。但是，狄里斯并不灰心，他反而比过去更努力训练自己的胆量和意志力。

他每天都跑到海边去，对着浪花拍打的岩石大声喊叫，回家以后，又对着镜子练习说话嘴型，作发音练习，一直持续不辍。狄里斯就是这样努力了好几年，直到他27岁时，终于再度走上台向众人演讲。

辛苦的努力总算有了成果：他这次盛大的演讲，得到了许多的喝彩与掌声，而狄里斯的名气，也就这样打响了。

一件看似不可能的事情，通过自己的努力，也能最终让它变成可能。要知道，人的潜力是无限大的，只要自己不放弃，就没有人会成为你的阻碍。

接受人生中的一切，不仅包括接受和面对自身的不足，还包括接受迎面而来的挫折。只有这样，你才有可能改变所谓的不幸。

一个男孩，从小到大都是坐在教室的最前排，因为他的个子一直是班上最矮的，只有一米二，而这个身高从此没有再改变过。他患的是一种奇怪的病，医学分析是内分泌失常导致的。

他的家境不好，父母都是农民，却要供养三个孩子念书。他上中学了，父母决定从学校抽回一个孩子，他们的目光首先落到了矮小的男孩身上。可他倔强地回绝了父亲："我要上学，学费我自己想办法！"从此，他拎着一个大大的塑料袋开始了自己的拾荒生涯，将一包包废品换成学费。

在后来的一次事故中，父亲不幸丧失了劳动能力，矮小的男孩不得不连兄妹的担子也替父母扛起来。很显然，卖破烂的钱已远远不够。偶然的机会，他听人说烟台一带拾荒的人少，就和父亲来到了烟台。为了生计，他边拾荒边乞讨，有空的时候，他就坐在人来车往的大街边捧着书本看。

父亲说："讨饭的看书有什么用？"他反驳道："乞丐也有两种，一种是形式上的，一种是精神上的，我是第一种。"

在拾荒与乞讨的间隙，他以超出平常人的毅力与决心，学完了高中的所有课程，因为他有一个梦想。功夫不负有心人，在2003年，他以超出本科线30分的成绩被重庆工商大学录取。他就是袖珍男孩——魏泽阳。

当被问到是何种力量支撑他走到今天这一步时，魏泽阳从容地说："我可以贫穷，却不可以低贱，我可以矮小，却不可以卑微!""上天给了我有缺陷的身体,我改变不了这个事实,但我要用自己的努力,让生命更放光彩!"也正是这种信念,让他从困境中一步步走出来。

巴尔扎克说:"不幸,是天才的晋身之阶,信徒的洗礼之水,能人的无价之宝,弱者的无底之渊。"我们在面对困境时不能气馁,而要坚强地站起来,走好每一步路。

生活中,人们往往愿意接受幸运的事,对于不幸的使却难以接受。就像缺点一样,人们往往很难承认它,做得更多的是极力掩饰。其实不必如此,人要正确地评价自己,看准自己的优缺点,在发挥长处的同时积极克服自己的缺点,这样才能让自己积累更多的资本,永远立自己于不败之地。

仰视别人不如提升自己

有这样一则故事：

孔雀向王后朱诺抱怨。它说："王后陛下，我不是来无理取闹的，但您知道吗？您赐给我的歌喉，没有任何人喜欢听。可您看那黄莺小精灵，唱出来的歌婉转动听，它独占春光，出尽风头了。"

朱诺听到如此言语，严厉地批评道："你赶紧住嘴，嫉妒的鸟儿，你看你脖子四周，如一条七彩丝带，当你行走时，舒展的华丽羽毛，就好像色彩斑斓的珠宝。你是如此美丽，这世界上没有任何一种鸟能像你这样受到人们的喜爱。一种动物不可能具备世界上所有动物的优点。我赐给大家不同的天赋，是要大家彼此相融，各司其职。所以我奉劝你不要抱怨，不然的话，作为惩罚，你将失去你美丽的羽毛。"

孔雀羡慕黄莺清脆的嗓子，所以抱怨自己为什么没能拥有和黄莺一样婉转、美妙的歌喉，却不知道自己的美本来就让其他动物羡慕。

我们总说"吃着碗里的，看着锅里的"人，总是没有得到的就以为是最好的，总是一味地去仰慕别人的生活，而忽略了自己所拥有的东西。

每个人身上都有优点和长处，不要总盯着别人身上的好处而忽视了自己的美丽，这样你将永远生活在悲观、嫉妒当中。不能用心地体会和感受生活，就不能发现生活以及自身的美好，也就不会利用自己的优点，让自己大放异彩。

欧洲某国家的一位著名的女高音，三十多岁就已经非常出名，而且郎君如意，家庭美满，令人羡慕不已。

一次她到邻国来开独唱音乐会，入场券早在一年前就被抢购一空，当晚的演出也受到极为热烈的欢迎。演出结束之后，歌唱家和丈夫、儿子从剧场走出来的时候，一下被早已等在那里的观众团团围住。人们七嘴八舌地与歌唱家攀谈着，其中不乏赞美和羡慕之辞。

有的人恭维歌唱家大学刚刚毕业便开始走红，还进入了国家的歌剧院，成为扮演主要角色的演员；有的人恭维歌唱家有个腰缠万贯的大公司老板作丈夫，而且膝下又有个活泼可爱，脸上总带着微笑的小男孩。

在人们议论的时候，歌唱家只是在听，并没有表示什么。等人们把话说完以后，她才缓缓地说："我首先要谢谢大家对我家人的赞美，我希望在某些方面能够和你们共享快乐。但是，你们看到的只是一个方面，还有另外的一个方面没有看到。那就是你们夸奖活泼可爱、脸上总带着微笑的这个男孩他是一个不会说话的哑巴。在我的家里他还有一个姐姐，是需要长年关在铁窗房间里的精神分裂症患者。"

歌唱家的一席话使人们震惊得说不出话来，你看看我，我看看你，似乎很难接受这样的事实。

这时，歌唱家又平心静气地对人们说："这一切说明什么呢？恐怕只能说明一个道理：那就是上帝给谁的都不会太多。"

有时我们所拥有的，别人不一定拥有，每个人有他的长处，每个人也都有他自身的不足。因此，我们不必为别人拥有的而失意，应该多为自己拥有的而开怀。并不是我们所拥有的东西使我们快乐，而是我们所喜欢的东西才能给我们带来快乐。

其实人总是在这样互相羡慕的。有的人常常幻想有一天一觉醒来，自己就会成为某某一样的人。可能是因为我们深知自己人生的缺憾，所以就会拿那些我们认为比较完美的人生来做比较，当作人生的坐标。其实这个世界上并不存在十全十美，那些我们所羡慕的人同时也在承受着他们的不如意。所谓家家有本难念的经，人虚荣的本性使他们把自己风光的一面展示给人，又有谁能真正看到别人风光背后呢？很多时候，得到的就是所承担的，每件事都像硬币一样有两面，有正面就有负面。

当然，有的人的确值得我们羡慕，不完全是因为他们得到的多，而是因为他们善于经营，我们从他们的身上可以审视自己。

羡慕别人是因为我们期待完美，期望可以活得更好。可是我们却忽视了一点，每个人的处境都不同，别人永远无法模仿。不过我们可以通过观察别人的长处来修正自己的短处，与其仰望别人的幸福，不如注意别人经营幸福的方法；与其羡慕别人的好运气，不如借鉴别人努力的过程。

不要再去羡慕别人如何如何，好好算算上天给你的恩典，你会发现你所拥有的绝对比没有的要多出许多。而缺失的那一部分，虽不可爱，却也是你生命的一部分，接受它且善待它，你的人生会快乐豁达许多。

人没有必要羡慕别人，而应该将时间花在珍视自我上，看到自身的优势，充满自信地去应对生活，努力为自己的前途奋斗。

人生就像打牌一样，很多人总是羡慕别人手中的牌，而对自己手中的牌从来都不认真对待。其实，即使你非常羡慕别人，又有什么用呢？最后你还是得老老实实地打你自己的牌。

羡慕别人不如把握自己，人生是要靠自己去走的。无论怎样，能够把握的最终都只是自己。我们可以羡慕别人，但这种羡慕是吸取对方的长处，来弥补自身的不足，不断地充实、完善自己，让自己变得更强大、更完美。

任何时候都不要放弃自己

人的一生中，有辉煌就会有低谷。当我们处于低谷时，也会很伤心，很绝望，在我们脆弱、无助的时候，就会很想放弃自己，自暴自弃、自哀自怨。但放弃很容易，可要想看到更加美丽的朝阳，还需要我们以更坚毅的态度活下去，好好活下去。纵然我们总是会碰到一些让我们痛苦的人、事、物，但我们的身边更多的还是关心我们、爱护我们的人，就为他（她）们，我们也应该好好生活，永不放弃。

记得，有这样一个故事：两个商人一起出去做生意，在穿越一座沙漠的时候，走到了中途，他们的饮用水用完了。他们又渴又累，快要坚持不住了，在这危急时刻，其中一个稍好一点的商人，决定去寻找水或者找人帮忙。他留下那个商人，让他待在原地不要动，等他带人来帮忙。临走时，他把唯一的一支枪留给了那个商人。枪中有三颗子弹，他让他每过一段时间就放一枪，以便于他在沙漠中，不至于迷失了方向，随着枪声可以找到他。他走后，那个商人躺在原地不动，又渴又累让他一阵阵难受。也不知过了多长时间，那个商人还没有回来，于是他就向空中放了一枪。就这样，他还是静静地躺着。

天上炙热的太阳，烤得整个沙漠像一个大火炉。他的喉咙像有一团火在燃烧，嘴唇干裂出一道道口子。他的意识有点模糊了，但他强力告诫自己要撑住。也不知过了多长时间，他想起来他朋友还没有回来，他勉强地又朝空中放了一枪。沙漠里的气候变化无常。过了不久，就刮起了沙尘暴。不一会儿，他的身上就盖了一层沙子。他已无力弄掉身上的沙子了。模模糊糊中，他感觉自己的灵魂像已离开了身体似的，他已无力挽住它了。他不知自己昏睡了多久，他的朋友还是没有回来，他实在坚持不住了，他失去了信心，觉得已没有生的希望了，就将最后一颗子弹射向了自己的脑袋。

那个出去寻找帮助的商人，终于带着一群驼队寻着枪声找到了他，而此时他的体温还是温热的……

是的，如果他能够再坚持一会儿，不失去信心，仍然充满希望，朋友回来他不就得救了吗？如果最后他不放弃自己，不放弃生命，那结果又会是这样吗？

人的生命只有一次，错过就不可再得。而生与死，仅仅一步之遥。

一个人如果放弃了自己，就等于放弃了希望，放弃了追求；放弃了自己，就等于向困难低头，成了一个失败者。一个人失败了不要紧，可怕的是失去了对美好生活的信念。如果对生活失去了信念，那人生还有何意义可言？

其实，只要自己不放弃，就没有人能够将你打倒。如果故事中的那个商人能一直坚持、不放弃，那他的人生又会呈现出另外一番更美的图画。

人的命运是掌握在自己手里的，就算别人已经放弃你了，但只要你自己没有放弃，就依然还有活着的希望，就可以凭借自己的力量，走出困顿。

人的一生不可能一帆风顺，多多少少总会有一些坎坷和波折。世界上之所以有强弱之分，究其原因是前者在接受命运挑战的时候说："我永远不会放弃。"后者说："算了，我承受不住。"

1883 年，富有创造精神的工程师约翰·罗布林雄心勃勃地意欲着手建造一座横跨曼哈顿和布鲁克林的桥。然而桥梁专家们却说这计划纯属天方夜谭，不如趁早放弃。罗布林的儿子华盛顿，是一个很有前途的工程师，也确信这座大桥可以建成。父子俩克服了种种困难，在构思着建桥方案的同时也说服了银行家们投资该项目。

然而桥开工仅几个月，施工现场就发生了灾难性的事故。罗布林在事故中不幸身亡，华盛顿的大脑也严重受伤。许多人都以为这项工程因此会泡汤，因为只有罗布林父子才知道如何把这座大桥建成。

尽管华盛顿丧失了活动和说话的能力，但他的思维还同以往一样敏锐，他决心要把父子俩费了很多心血的大桥建成。一天，他脑中忽然一闪，想出一种用他唯一能动的一个手指和别人交流的方式。他用那只手敲击他妻子的手臂，通过这种密码方式由妻子把他的设计意图转达给仍在建桥的工程师们。整整13年，华盛顿就这样用一根手指指挥工程，直到雄伟壮观的布鲁克林大桥最终落成。

很多时候，我们都会遇到来自生活的困顿和苦难，当我们无能为力、别无选择时，我们就只能面对现实，并以更顽强的姿态来迎接生活给予的不幸，只有这样，我们才能够真正地扭转命运，真正成为命运的主人。

一个音乐家，失去了最宝贵的听觉。但是在这种情况下他对自己热爱的事业丝毫没有放弃，而是用自己的勇气抵抗命运的打击，创作出了令人惊叹的乐曲。他的名字世界上的人都知道，他就是耳聋的音乐家——贝多芬。

曾有这样一句玩笑之言："跌倒了，爬起来，我接着哭。"细细品味，发现这句话哲理意味颇深。跌倒了，自然是很疼的，趴在地上可以哭，但老趴在地上吧，显得太狼狈，所以我们可以站起来接着哭，来发泄自己痛苦的情绪。但不管怎样，我已经站起来了，而不是趴在那儿再也起不来。当疼痛过去后，我们算是过来人了，知道了什么叫苦，什么叫乐，而后变得更成熟，更勇敢！世上之人，谁都不知道自己的明天会是什么样的。前路茫茫，需要靠自己的双手去摸索，去探寻。纵然会跌倒，会摔得头破血流，但只要我们不放弃，就算经历无数次的跌倒，也没必要为此而悔恨连连，伤心难过。跌倒了又如何，爬起来就好。爬起来，重新来过，只要生命不停歇，只要自己不放弃，就没有人能让你放弃，人生就依然掌握在自己的手中！

第三章

激发你的潜能

在我们每个人的体内都潜伏着巨大的才能，但这种潜能酣睡着，一旦被激发，便能做出惊人的事业来。

如果我们能够深入到自己内在力量的深处，那么就可以寻找到令自己强大的源泉。并且，这个潜能的源泉取之不尽、用之不竭。

你的潜能无穷大

人的潜能是无穷的，只要你善于挖掘。

19 世纪最伟大的科学家是爱迪生，20 世纪最伟大的科学家是爱因斯坦。爱因斯坦死时曾表示过愿意将他的大脑捐献出来供人们研究。后来科学家研究发现，实际上爱因斯坦的大脑使用还不到全部的 10%。最伟大的科学家的大脑使用都不到 10%，那作为其他的普通人用了多少呢？

有些人不到 5%，有些则连 1% 都不到。这说明大脑至少有 90% 被荒废掉了，这就是人类最伟大的发现，比爱因斯坦的相对论还伟大。想一想爱因斯坦使用不到 10% 的大脑就可以成为最伟大的科学家，取得许许多多惊人的发现。那么我们如果多开发 1% 甚至 10%，那结果会是怎样？

肯定是不可想象的。根据脑科学研究表明，如果一个人的大脑全部开发，那么他将学会 40 种语言，拿 14 个博士学位，将百科全书从头到尾一字不漏地背下来，他的阅读量可以达到世界上最大的图书馆美国图书馆 1000 万册的 50 倍。

一点不夸张地说，只要一个人的大脑得以全部发挥，他将完成所有可以想象得到的事情。而我们最终成为什么样的人，就看你怎么去开发大脑。每个人自己就是一座宝藏，那里有源源不断的能量等着你去挖。

一个人要实现自己的职业生涯目标，干出一番惊天动地的事业，必须在树立自信，明确目标的基础上，进一步调整心态，开发潜能，这一点是极为重要的。

人的潜能就如海面上漂浮的一座冰山，阳光之下，其色皑皑，颇为壮观。其实真正壮观的景色不在海面之上，而在海面之下，与浮出水面上的那部分相比，沉浸在海面下的部分是它的五倍、十倍，甚至上百倍。

有位农夫的儿子年仅 14 岁，有一天将车开出了农场大院，车子翻到水沟里，农夫急忙跑到出事地点。只见儿子被压在车子下面，只有头的一部分露出水面。这位农夫毫不犹豫地跳进水沟把车子抬起，让另一位来援助的雇员把儿子从车下拖了出来。事后农夫觉得奇怪，自己一个人怎么就能把汽车抬起来呢？他再试了一次，任凭使尽全身气力，却怎么也抬不动那辆车子了。

这就是潜能的力量，农夫因为对儿子的爱，所以在儿子危险的一刻爆发出不可思议的力量，救了儿子，这其实也是爱的力量。

正常人的脑细胞约 140 亿~150 亿个，但只不足 10% 被开发利用，其余大部分在休眠状态，更有研究统计认为有 98.5% 的细胞是处于休眠，甚至有专家认为只有 1% 参加大脑的功能活动。我们开发的大脑潜能约有 95% 的大脑潜能尚待开发与利用，即使像爱因斯坦这些科学精英的大脑的开发程度也只达到 13% 左右。按照这样的理解，开发大脑潜能，让自己变得更加聪明起来并非什么天方夜谭。

由于各种复杂的内部和外部原因，人的大脑机能存在着一种抑制现象，使得人们长期难以察觉自己的能力。在意想不到的强刺激条件下，这种抑制被解除，蕴藏在人体内的潜能会突然爆发出来，产生一种神奇的力量，使人做出平时根本做不到的事来。

沙特阿拉伯塔伊夫城有一位 25 岁的漂亮姑娘，不知什么原因"哑"了 20 年，经多方医治毫无效果。有一天，媒人领来一位大她 25 岁长得很丑的老头子来相亲。见面之后，姑娘的父亲私自做主，逼着姑娘嫁给他。姑娘急了，竟讲出 20 年来的第一句话："我宁死也不嫁给他！"

人们常常埋怨社会埋没人才，其实，由于缺乏信心和勇气、自卑、懒惰、安于现状、不思进取，自我埋没的现象也是相当普遍的。如果我们能多给自己一点刺激，多一点信心、勇气、干劲，多一分胆略和毅力，就有可能使自己身上处于休眠状态的潜能发挥出来，创造出连自己也吃惊的成功来。

唤醒沉睡的潜能

生命潜能管理就是以系统的方法管理自我及周边资源，达成人生的目的。成功者与失败者的差别，是成功者能够自我管理、激励，并且做有效的时间分配，而失败者却不然。

在美国东部某市的法院里有一位法官，他中年时还是一个不识文墨的鞋匠。60多岁的时候，却成为全城最大的图书馆的主人，获得许多读者的称赞，被人认为是学识渊博、为民造福的人。这位法官唯一的希望，就是要帮助众多的人接受教育，获得知识。可是他自身并没有接受系统的教育，为何会产生这样宏大的抱负呢？原来他不过是偶尔听了一篇关于《教育之价值》的演讲。结果，这次演讲唤醒了他潜伏的才能，激发了他远大的志向，从而使他做出了这番造福一方民众的事业来。

一般来说，一个人的才能取决于他的天赋，而天赋又不容易改变。但实际上，大多数人的志气和才能都深藏潜伏着，必须要外界的东西予以激发，志气一旦被激发，如果又能加以继续的关注和教育，就能发扬光大，否则终将萎缩消失。

实际上，任何人都拥有特殊能力或才能。不管怎样愚笨的人，都有只有他才能做到的事情。同时，被认为只能做一件事的人，也往往会有多样的才能，只是自己无法发现，所以就让自己的才能一直沉睡下去，没办法活用而已。但是人往往很不容易发现及认同自己的才能，而只会发现自己的缺点，潜在的才能就这样一直隐藏下去。因此通往成功的第一步，首先要不拘泥于自己的弱点。

　　你必须了解人生的最终目的——你到底想要什么？

　　一生中哪些事对你而言是最重要的？

　　什么是你一生当中最想完成的事？

　　每个人都有许多潜能尚未发挥，然而，若要将潜能发展至百分之百是不可能的，因为潜能是无限的。

　　但目前已经有方法能让你系统地发展潜能。由此，你会越来越喜欢自己、喜欢学习、喜欢家人、喜欢生活环境和其他人，也会不停地追求、进步、成长，分享成功经验，结交朋友，迈向平衡式成功，不断地为人类社会谋求幸福快乐，成为一个快乐、成功的人。

　　在人们体内的亿万细胞中，有着巨大的潜在力量。这种潜力要是能够被唤醒，就能做出种种神奇的事情来。然而大部分人好像不明白这一点。病人在病势垂危、呼吸困难时，在听了医生或亲友的一席热烈恳切的安慰话后，竟然会起死回生。

　　在人的身体和心灵里面，有一种永不堕落、永不败坏、永不腐蚀的东西，这便是潜伏着的巨大力量。这种力量一旦被唤醒，即便在最卑微的生命中，也能像酵素一样，对身心起发酵净化作用，增强人的行动力。

　　在有些时候，人会有机会看到自己的内在力量。有时读了一本富有感染力的书，或者由于朋友们的真挚鼓励，也能发现自己的内在力量。但无论用何种方法，通过何种途径，一旦激起内在力量后，你的行为一定会大异于前，你就会变成一个强大的人。

发挥你的最大优势

　　有位大力士，在摔跤上极具天赋，他刚学摔跤时就能战胜其师兄弟，有时甚至胜过师傅。但奇怪的是每次参加正式擂台赛时却总是失败，他觉得很苦恼。

　　一天，他去请教禅师。禅师问他："你真的很想赢吗？"大力士说："当然！"

　　禅师说："那好吧，现在你去禅房打坐，幻想海水及海水卷起波浪的情景，再幻想波浪越来越大，大到把整个禅院都淹没了，那时你再来找我。"

　　大力士果真按禅师所说的去打坐。第一个年头，他可以感到海水的波动。第二个年头，他幻想到海浪逐渐加大为一波一波的巨浪。第三个年头，他终于能感受到海水波浪把整个寺院淹没的力量。

　　于是，大力士又去找禅师。禅师告诉他："在擂台上，你只要把自己想象为威力无比的海浪，那就任何人都无法打败你了。"

　　果然，大力士不曾在擂台赛中再失败，成为一位战无不胜、攻无不克的摔跤手。

　　其实，每个人都有自己的内在潜能，但因为缺乏一种好的办法，致使自己的潜能难以发挥。

　　如果我们能潜心激发自己的潜能，就能把自己的专长发挥得淋漓尽致，到那时，我们就可以战胜一切，包括战胜自己。

态度决定高度

人生就像一杯茶，当你哀伤的时候去品它是苦涩的，当你愉悦的时候品它却是香甜的。同一个人生，用不同的心态对待它，结果自然大相径庭。

有个教授做过一个实验，12 年前他要求他的学生进入一个宽敞的大礼堂，并自由找座位坐下。反复几次后，教授发现有的学生总坐前排；有的则盲目随意，四处都坐；还有一些人似乎特别钟情后面的座位。教授的追踪调查结果显示：爱坐前排的学生中，成功的比例高出其他两类学生很多。因为永远在最前排的积极态度，决定他们成功的高度。

没有什么事情做不好，关键是你的态度问题。事情还没有开始做的时候，你就认为它不可能成功，那它当然也不会成功，或者你在做事情的时候不认真，那么事情也不会有好的结果。你对事情付出了多少，你对事情采取什么样的态度，就会有什么样的结果。

两兄弟在沙漠中跋涉数日，口干舌燥，饥肠辘辘。他们翻遍了所有的口袋，只剩下一个苹果，哥哥叹息说："完了，只剩一个了。"弟弟兴奋地说："太好了，还有一个。"

一个人有什么样的心态，就会有什么样的追求和目标。具有积极、乐观心态的人，其人生目标必然高远，有了高远的目标，必然会为之努力，有努力必有回报。

两个同龄的年轻人同时受雇于一家店铺，并且拿同样的薪水。

可是一段时间后，叫阿诺德的那个小伙子青云直上，而那个叫布鲁诺的小伙子却仍在原地踏步。布鲁诺很不满意老板的不公正待遇。终于有一天他到老板那儿发牢骚了。老板一边耐心地听着他的抱怨，一边在心里盘算着怎样向他解释清楚他和阿诺德之间的差别。

"布鲁诺先生，"老板开口说话了，"您现在到集市上去一下，看看今天早上有什么卖的。"

布鲁诺从集市上回来向老板汇报说，今早集市上只有一个农民拉了一车土豆在卖。

"有多少?"老板问。

布鲁诺赶快戴上帽子又跑到集上，然后回来告诉老板一共40袋土豆。

"价格是多少?"

布鲁诺又第三次跑到集上问来了价格。

"好吧，"老板对他说，"现在请您坐到这把椅子上一句话也不要说，看看别人怎么说。"

阿诺德很快就从集市上回来了，向老板汇报说到现在为止只有一个农民在卖土豆，一共40袋，价格是多少多少；土豆质量很不错，他带回来一个让老板看看。这个农民一个钟头以后还会弄来几箱西红柿，据他看价格非常公道。昨天他们铺子的西红柿卖得很快，库存已经不多了。他想这么便宜的西红柿老板肯定会要进一些的，所以他不仅带回了一个西红柿做样品，而且把那个农民也带来了，他现在正在外面等回话呢。

此时老板转向了布鲁诺，说："现在您肯定知道为什么阿诺德的薪水比您高了吧?"

同样的小事情，有心人做出大学问，不动脑子的人只会来回跑腿而已。别人对待你的态度，就是你做事情结果的反应，像一面镜子一样准确无误，你如何做的，它就如何反射回来。

再看看我们身边，有多少人能真正认真对待自己从事的工作？浮躁，抱怨，这山望着那山高，导致一些人一辈子碌碌无为，一事无成。而那些在本行业、本领域做出了杰出贡献的人，无一不是兢兢业业，一丝不苟，乐观向上的。

态度可以决定一个人的成长高度，干任何工作，干任何事情，都是如此。一个人的态度决定了能否把这件工作或者事情做得更完善、更完美。同时，也决定着一个人能否走上更高的职位。

世上无难事，只怕有心人。做任何事情都必须下定决心，不怕吃苦，不怕劳累，只要你认真地去做了，事情总会有结果。也许努力不一定会成功，但如果你不努力就一定不会成功。世上没有做不好的事情，只有态度不好的人。做任何事情，都要有一个好的态度。有了好的态度，对工作、对他人、对自己都会表现出热情、激情和活力；有了好的态度，你就不怕失败，即使遇到挫折也不气馁，而是充满直面人生的勇气。这样的人一定会在事业和生活中取得比别人更好的成绩，比别人更容易走向成功。俗话说，性格决定命运，好的性格就是由好的态度一点一滴地培养而成的。

心动更要行动

心动不如行动。虽然行动不一定会成功，但不行动则一定不会成功。

生活不会因为你想做什么而给你报酬，也不会因为你知道什么而给你报酬，而是因为你做了些什么才会给你报酬。一个人的目标是从梦想开始的，一个人的幸福是在心态上把握的，一个人的成功则在于行动中的实现。你爱成功，成功也爱你，但你若不行动，失败天天都在等着你。成功是信心、耐心、诚心和持续行动的集合，仅有一个成功的原则，绝不会给你带来任何好处，只有行动，才是滋润你成功的食物和水。

小李得知一家企业内刊招聘记者之后，当即带着自己的作品集赶了过去。到了招聘现场一看，仅有的一个岗位，竞争者竟有几百人。而且来应聘的人无论是学历、资历、年龄还是口才，都超过自己。见到这种情形，小李就想打退堂鼓了，可是转念一想：既然来了，何不长长见识。于是便耐着性子坐了下来。面试的人很多，而且面试的主考官正是该公司的老总，小李又被安排在后面，看着应聘者一个接一个面色沉重地走出来，小李觉得形势似乎对自己越来越不利。他觉得必须要采取独特的面试方式打动老总才能出奇制胜。这时候，在会客室里坐等的几位应聘者开始闲聊。其中有这么几句话引起了小李的注意："来的都是有经验的人，小小内刊还拿不下来？一个面试还搞这么复杂！""肯定要当面出题让应聘者动笔，不怕它，都带了作品集来，还说明不了问题？"小李心里一动，当即赶往楼下的打字店，以"求贤若渴"为题写下一篇现场短新闻。回到会客室时，正好轮到自己出场了。面试的内容有些出乎小李的意料，神色已略显疲惫的老总既没提业务，也不问应聘者经历，而是要他从自己的角度谈谈如何当好内刊记者。小李当即递上刚打印完的那篇短新闻稿说自己的角度就是"敏锐"。小李成了应聘人员中百里挑一的幸运儿。老总说："其实正确的方法大家都注意到了，但心动不如行动，只有你当时把大家都注意到的东西先做在了前面。"

俗话说："说一尺不如行一寸，心动不如步履。"我们常常在分析，成功者与失败者之间到底有什么差别？其实，就是行动和不行动的差别。人与人之间智力上的差异并不是很大，很多事情，都是做与不做，做得好还是不好，这直接关系到结果，也关系到每个人是否能取得成功。

有这样一则寓言故事：

一天，老鼠大王组织召开一次会议，会议的主题就是商讨怎样对付猫。老鼠们踊跃发言，出主意，提建议，会议开了半天，也没有一个可行的办法。这时，一个号称最智慧的老鼠站起来说"事实证明，猫的武功太高强，死打硬拼我们不是它的对手。对付它的唯一办法就是防。""怎么防？"大伙儿提出疑问。"给猫的脖子上系上铃铛。这样，猫一走铃铛就会响，听到铃声我们就隐藏到洞里，它就没有办法捉到我们了！""好办法，好办法，真是个智慧的主意！"老鼠们雀跃起来。

老鼠大王听了这个建议以后，兴奋得什么都忘了，立即公布举行大宴。第二天酒醒了以后，又召开紧急会议，并公布说："给猫系铃铛这个方案我批准，现在开始落实。""说做就做，真好真好！"群鼠仍旧激动不已。"那好，有谁愿意去完成这个艰巨而又伟大的任务呢？"会场里一片寂静，等了好久都没有回应。于是，老鼠大王命令道："假如没有报名的，我就点名啦。小老鼠，你机灵，你去系。"老鼠大王指着一个小老鼠说。小老鼠一听，浑身打战，战战兢兢地说："回大王，我年轻，没有经验，最好找个经验丰富的吧。"

"那么，最有经验的要数鼠爷爷了，您去吧。"紧接着，老鼠大王又对一个爷爷辈的老鼠发出命令。

"哎呀呀，我这老眼昏花、腿脚不灵的怎能担当得了如此重任呢？还是找个身强体壮的吧。"鼠爷爷连忙拒绝。于是，老鼠大王派出了那个出主意的老鼠。这只老鼠哧溜一声离开了会场，从此，再也没有见到它。老鼠大王一直到死，也没有实现给猫系铃铛的夙愿。

生活中，我们常常想"心想事成"。然而，有了想法没有行动或没有办法付诸行动，是不可能取得成功的。

很多人只把想法停留在空想的阶段，而不落实到详细的步骤中，那么这种空想终究无法变成现实。

步履表现了一个人敢于改变自我、实现自我的决心，是一个人能力的证实。心里有了一种想法、主意，不付诸步履，却束之高阁，永远都看不到胜利的曙光。

真正用尽全力

一天，猎人带着猎狗去打猎。猎人一枪击中一只兔子的后腿，受伤的兔子开始拼命地奔跑。猎狗在猎人的指示下飞奔去追赶兔子。

可是追着追着，兔子跑不见了，猎狗只好悻悻地回到猎人身边。猎人怒骂猎狗说："你真没用，连一只受伤的兔子都追不到！"

猎狗听了很不服气地回道："我尽力而为了！"

再说兔子，它带伤跑回洞里，它的兄弟们都围过来惊讶地问它："那只猎狗很凶呀！你又带了伤，怎么跑得过它的？"

兔子回答："它是尽力而为，我是全力以赴呀！它没追上我，最多挨一顿骂，而我若不全力地跑我就没命了呀！"

对任何一个人来说，都有未被开发的潜能，但是我们往往会对自己或对别人找借口："管它呢，我们已尽力而为了。"事实上尽力而为是远远不够的，尤其是现在这个竞争激烈的年代。我们要常常问自己，"我今天是尽力而为的猎狗，还是全力以赴的兔子呢？"

"全力以赴"与"尽力而为"这两个词，从字面理解相似，其实差之毫厘，谬以千里。它们分别代表两种截然不同的生存态度，也造就两种不同的效果或人生。尽力而为，有太多被动的成分。只有完全出于主观，才会全力以赴，才能有所超越。尽力而为只能让我们做完事，而全力以赴却能让我们做成事。用尽力而为的态度做事，碰到问题会退缩，会抱怨，会找理由推卸责任；

用全力以赴的态度做事，碰到问题会主动寻找解决方法，主动寻找所需资源，把困难很好地解决掉，把事情圆满地完成。

人们常常认为，一个人有能力，就可以解决很多事情。然而，只有能力还不够，必须能力、态度、热情三者合一才能成功。不少人的失败，不是没有能力，也不是没有机会，而是失去了热情。一个人一旦失去热情，惰性就会乘虚而入，就会变得死气沉沉，甚至会传染给身边人，影响一个团队。能力一般的人，只要态度端正、斗志昂扬，总会比一些能力强但态度不好、热情不够的人容易成功。热情就像火，能点燃人身上的潜能，激发所有智慧和优点。一个人在"我要做"时，就会动脑筋、想办法，视困难如草芥。

美国的大发明家爱迪生，小时候家里买不起书、买不起做实验用的器材，为了得到这些，他就到处收集瓶罐。由于自己的兴趣，加上人生志向，他决定研究发明有利于人类的东西。在这过程中，他经历了种种挫折。一次，他在火车上做实验，不小心引起了爆炸，车长甩了他一记耳光，他的一只耳朵就这样被打聋了。生活上的困苦，身体上的缺陷，并没有使他灰心。他全力以赴，更加勤奋地学习。最终发明了现在家家户户都在用的电灯，成为一位举世闻名的科学家。

要知道，用尽所有的能量，积极主动地做好每一件事，全力以赴，是每一位成功人士必备的综合素质。一个人对于工作，要全身心地投入其中，不要偷懒，也不要找借口，任何时候的放弃都意味着失败。

有家挖掘公司，刚刚招进了三位员工。第一个挂着铲子说他将来一定会做老板；第二个抱怨工作时间太长，报酬太低；第三个只是全力以赴、低头挖沟。过了若干年，第一个仍在挂着铲子；第二个虚报工伤，找到借口退休了；第三个呢？他成了这家公司的老板。

这个故事告诉我们的是：不管你做什么，当你决定做一件事的时候，就一定要全力以赴，不要偷懒，不要埋怨，成功将会很快降临在你的身上。

然而，在生活中，有的人每天都在抱怨。每当看到别人的成功时，就会抱怨上帝的不公。其实老天是公平的，只是，你是否已做到了全力以赴？是否真的付出了全部的努力了呢？

一个手艺很好的老木匠想要退休，但是他的老板舍不得这个员工，就提出让他再盖最后一座房子，并承诺要送给老木匠一个礼物。老木匠答应了，在做活的时候他下的是次料，干的是粗活。房子盖完了，老板却把房子的钥匙交给了老木匠，并对他说："这就是我要送你的礼物。"听了老板的话，老木匠当时就惊呆了，他很后悔没有全力以赴的去盖这最后一座房子。

仔细想一想，我们又何尝不是那个老木匠呢？在关键的时候，总是不努力，不肯付出自己全部的精力和体力，总是想"偷工减料"，所以当我们警觉到自己的尴尬处境时，我们已经被关在了自己建造的房子里。

其实，不论做什么事情我们都应该全力以赴，也许有人会说："我本想全力以赴地投入，但是如果无功而返，我的全力以赴岂不是白做了吗？"但是你有没有想过，如果我们没有全力以赴去做，等待我们的就只有失败。

全力以赴，是巨大的潜能，是自动自发地动力源泉。下次，在遇到难题的时候，请问一下自己，所有可能的办法都想到了吗？所有可以利用的资源都充分利用了吗？如果还有机会，会是什么？

这样的自我对话，可以帮助我们找到解决问题的办法，帮助我们真正用尽全力！

第四章
方法总比问题多

俗话说："山不转路转，路不转人转。"天无绝人之路，遇到问题时，只要肯找方法，那事情就会有转圈的余地。

任何成功都不是天生的，只要你积极地开动脑筋，寻找方法，终会"守得云开见月明"。

让问题止于行动

雪莉是一个可爱的小姑娘, 可她有一个坏习惯, 那就是她每做一件事, 总爱让计划停留在口头上, 而不是马上行动。

和雪莉住在同一个村子里的詹姆森先生有一家水果店, 里面出售本地产的草莓之类的水果。一天, 詹姆森先生对雪莉说: "你想挣点钱吗?"

"当然想。" 她回答, "我一直想买一双新鞋, 可家里买不起。"

"好的, 雪莉。" 詹姆森先生说: "隔壁皮诺森太太家的牧场里有很多长势很好的黑草莓, 他们允许所有人去摘。你摘了以后把它们都卖给我, 1 升我给你 13 美分。"

雪莉听到可以挣钱, 非常高兴。于是她迅速跑回家, 拿上一个篮子, 准备马上就去摘草莓。但这时她不由自主地想到, 要先算一下采 5 升草莓可以挣多少钱。于是她拿出一支笔和一块小木板计算起来, 计算的结果是 65 美分。

"要是能采 12 升呢? 那我又能赚多少钱呢?"

"上帝呀!" 她得出答案, "我能得到 1 美元 56 美分呢!"

雪莉接着算下去, 要是她采了 50、100、200 升詹姆森先生会给她多少钱。算来算去, 已经到了中午吃饭的时间, 她只得下午再去采草莓了。

雪莉吃过午饭后, 急急忙忙地拿起篮子向牧场赶去。而许多男孩子在午饭前就赶到了那儿, 他们快把好的草莓都摘光了。可怜的小雪莉最终只采到了 1 升草莓。

回家途中，雪莉想起了老师常说的话："办事得尽早着手，干完后再去想。因为一个实干者胜过100个空想家。"

机会总是稍纵即逝的，等把所有的东西都想好了再行动，那只能任由机会溜走。

让问题止于行动，只有真正行动起来，你才有成功的可能。

安娜是大学里艺术团的歌剧演员。在一次校际演讲比赛中，她向人们展示了一个最为璀璨的梦想：大学毕业后，先去欧洲旅游一年，然后要在纽约百老汇中成为一名优秀的主角。

当天下午，安娜的心理学老师找到她，尖锐地问了一句："你今天去百老汇跟毕业后去有什么差别？"安娜仔细一想："是呀，大学生活并不能帮我争取到去百老汇工作的机会。"于是，安娜决定一年以后就去百老汇闯荡。

这时，老师又冷不丁地问她："你现在去跟一年以后去有什么不同？"安娜苦思冥想了一会儿，对老师说，她决定下学期就出发。老师紧追不舍地问："你下学期去跟今天去，有什么不一样？"安娜有些晕眩了，想想那个金碧辉煌的舞台和那双在睡梦中萦绕不绝的红舞鞋，她终于决定下个月就前往百老汇。

老师乘胜追击地问："一个月以后去跟今天去有什么不同？"安娜激动不已，她情不自禁地说："好，给我一个星期的时间准备一下，我就出发。"老师步步紧逼："所有的生活用品在百老汇都能买到，你一个星期以后去和今天去有什么差别？"

安娜终于双眼盈泪地说："好，我明天就去。"老师赞许地点点头，说："我已经帮你订好明天的机票了。"第二天，安娜就飞赴到全世界最巅峰的艺术殿堂——美国百老汇。当时，百老汇的制片人正在酝酿一部经典剧目，几百名各国艺术家前去应征主角。按当时的应聘步骤，是先挑出10个左右的候选人，然后，让他们每人按剧本的要求演绎一段主角的对白。这意味着要经过百里挑一的两轮艰苦角逐才能胜出。安娜到了纽约后，并没有急着去漂染头发、买靓衫，而是费尽周折从一个化妆师手里要到了将排的剧本。这以后的两天中，安娜闭门苦读，悄悄演练。正式面试那天，安娜是第48个出场的，当制片人要她说说自己的表演经历时，安娜粲然一笑，说："我可以给您表演一段原来在学校排演的剧目吗？就一分钟。"制片人首肯了，他不愿让这个热爱艺术的青年失望。而当制片人听到传进自己鼓膜里的声音，竟然是将要排演的剧目对白，而且，面前的这个姑娘感情如此真挚，表演如此惟妙惟肖时，他惊呆了。他马上通知工作人员结束面试，主角非安娜莫属。就这样，安娜来到纽约的第一次面试就顺利地进入了百老汇，穿上了她人生中的第一双红舞鞋。

　　生活中，每个人都想要获得成功的捷径，那成功的捷径到底是什么呢？答案其实很简单：就是一步一个脚印地前进，有了梦想就要立刻去实现它。一味地拖延只能让梦想离你越来越远，马上行动去实现你的梦想，下一个被机会之神眷顾的人可能就是你！

抓住问题的根源

一个胖女孩最近在减肥，她一直认为发胖是因为吃的食物太多造成的，所以，从决定减肥时起便开始节食。她也果然有毅力，每天的主食绝不超过二两，其余皆用水果、蔬菜来填补。然而，两个月过后，她的脂肪就像舍不得离开她一样，牢牢地附在她的身上，可由于营养不良，她已变得十分虚弱，爬三层楼梯都会气喘吁吁。

尽管这样，她仍认为是自己坚持的时间太短，又过了一个月，情况还是那样。没有办法，家人把她送到了医院，征求医生的意见。医生告诉她，减肥是要讲科学、讲方法的，不能只靠节食，还要结合运动，并保持心情舒畅。

女孩听了医生的话，意识到了曾经的"坚持"都是无谓的。按照医生教的方法，她每天坚持锻炼，适当节食，并通过听音乐等方式愉悦心情。现在，她已经取得了很大的成效。

其实，不止减肥要讲究方法，无论做什么事都要讲究正确的方法。在遇到问题后，只有找到问题的根源，我们才能够更有效地解决问题，以求达到事半功倍的效果。

新加坡著名作家尤金有这样一次经历：当他还是一名记者时，一次，他托一位同事代买圆珠笔，并再三叮嘱他"不要黑色的，记住，我不喜欢黑色，暗暗沉沉，肃肃杀杀。千万不要忘记呀！12支，全部不要黑色。"第二天，同事把那一打笔交给他时，他差点昏过去：12支，全是黑色的。

他的同事却振振有词地反驳："你一再强调黑色的，黑色的，忙了一天，昏沉沉地走进商场时，脑子里印象最深的两个词是：12 支，黑色。于是我就一心一意地只找黑色的买了。"其实，只要言简意赅地说"请为我买 12 支蓝色的笔"，相信同事就不会买错了。从此以后，尤今无论说话、撰文，总是直入核心，直切要害，不去兜无谓的圈子。

在生活中，获得成功、成就和幸福的一条最重要的定律就是：知道你生活中的每一个问题的关键点所在，这是你成就每一件事情的至关重要的决定性因素。

在美国纽约，有一家公司为了进一步谋求发展，斥巨资新建了一栋 52 层高的总部大楼。工程马上就竣工了，但如何面向社会宣传呢？公司的广告部人员绞尽了脑汁，仍然找不到一个满意的宣传方式。

就在这时，值班人员报告，在大楼的 32 层大厅中发现了大群的鸽子。这群鸽子似乎将这个大厅当成巢穴了，把整个大厅搞得脏乱不堪。可是，应该怎样处理这群鸽子呢？如果处理得不好，势必会引起环保组织的攻击。如果处理得巧妙，就可以使麻烦变成机遇。相关工作人员冥思苦想，终于得到了一个"一举两得"的好办法，那就是利用鸽子这一偶然事件大做文章，制造新闻。他们先派人关好窗子，不让鸽子飞走，并打电话通知了纽约动物保护委员会，请他们立即派人妥善处理好这些鸽子。

可想而知，历来以注重动物保护而自誉的美国人会怎么样。

动物保护委员会的人闻讯后立即赶来了，他们兴师动众的大举动马上惊动了纽约的新闻界，各大媒体竞相出动了大批记者前来采访。

三天之内，从捉住第一只鸽子直到最后一只鸽子落网，新闻、特写、电视录影等，连续不断地出现在报纸和荧屏上。这期间，出现了大量有关鸽子的新闻评论、现场采访、人物专访。而整个报道的背景就是这个即将竣工的总部大楼。此时，公司的首脑人物更是抓住这千金难买的机会频频出场亮相乘机宣传自己和公司。一时间，"鸽子事件"成了酷爱动物的纽约人乃至全美国人关注的焦点。

随着鸽子被一只只放飞，这家公司的摩天大楼以极快的速度闻名遐迩，而公司却连一分钱的广告费都没花。

回过头，我们再想一想，如果这家公司没有找到问题的根源，没有意识到鸽子的处理方式会关系到公司的利益，若处理不当，不但会损害公司的形象，更会丧失免费宣传公司的机会。

创造奇迹的关键，在于具备一双发现的眼睛。生活需要发现的眼睛，问题需要发现的眼睛。许多伟大的发明和创造都是从不经意地发现开始，难题的解决也基于它本身的发现，或许只是一个简单的想法，一个美丽的假设。但正是因为问题的发现，它才得到了关注和认识，才有了解决的可能。

生活中，要想获得成功、成就和幸福的一条最重要的定律，就是知道你生活中的每一个问题的关键点所在，这是你成就每一件事情的至关重要的决定性因素。只有抓住问题的关键点，你才能制定出合理的策略，采取正确的方法，取得事半功倍的效果。

找对方法万事可解

拿破仑·希尔曾说:"你对了,整个世界就对了。"当你的工作或生活出现问题的时候,换一种方法,换一种思路,事情就会豁然开朗。因为,方法对了,一切问题就能够迎刃而解。

邓洋在大学的时候就以创意迭出著称,步入工作岗位两年多的时间依然如此。

不过现在让邓洋郁闷的是,他所在的这家公司老总是个因循守旧的老人,从他创立公司的时候开始,小心谨慎一直都是他遵循的核心思想。在金融危机席卷全球的情况下,公司没有像别的公司那样轰然倒塌,一直稳步发展,这也让老板更坚信是自己的保守和谨慎,才让公司幸免于难。

邓洋所在的公司专门生产市场上的那种小电扇。老板的思想是少而精,要做就做最专业的。对于老板的这种观点,邓洋却不这么看,公司的实力虽然不是很强大,但还不至于让产品如此单调——在多元化的市场环境中,仅仅生产一两种没有优势的产品显然是不够的。因此他想设计新的产品。

但邓洋不是老板,他只是老板手下的一个部门负责人而已。不过这并没有阻止他产生标新立异的想法。他想,等他设计出了产品,老板一定会认可他的。然而邓洋明白,老板是绝不允许邓洋利用公司的资源进行在他看来毫无意义的尝试的。

因此邓洋想了一个法子。他先跟老板提建议,说应该在电扇的设计上进行更新。在取得老板的同意后,他马上开始着手进行新产品的设计。不到两个月的时间,他就设计出了一款空调扇。

这时老板才发现"上当"了，不过面对越来越多的订单，他能怎么做呢？唯一能做的，就是赶紧给邓洋升职！

面对老板可能会有的意见，增加业绩，用事实说话，往往可以取得事半功倍的效果。所以，面对生活中的那些问题，不是问题太过复杂，只是你没有找对方法。

很多时候，事物的发展除了取决于勤奋、坚持、勇敢以外，更需要正确的方法。也许有了一个一个好的方法，发展的速度会来得比想象的更快。

1973 年，江南春出生在上海一个普通市民家庭，爸爸是位严谨的审计师，妈妈没有工作，承包一个门面做点小生意。

大学期间，任学生会主席的他正巧遇到上海电影制片厂下属的一家广告公司到学生会来招聘兼职，一个月 300 元底薪加提成。江南春干脆来了个"以权谋私"，没把消息贴出去，顺利地应聘成功了。

江南春的第一个客户是汇联商厦。由于他为老板带去好的文案创意，这让他成功拿下了这家客户，也拿到了 1500 元的提成！接着，某家电生产企业因对他写的脚本感兴趣，很快又投入 30 多万元的广告和播放费。

江南春索性辞去学生会的工作，全力以赴干起了广告。当时，淮海路上的新商厦一栋挨一栋。正流行的新影视形象广告单子，几乎让 21 岁的他来了个"一锅端"。1993 年，江南春所在的广告公司年收入 400 万元，其中 150 万元就来自他的贡献，同时，还结交了不少商界朋友。

"大三"这年，手握大批客户的江南春自立门户，创立了永怡传播公司，并自任总经理。

这一年，他才 22 岁！

发展到 2000 年，公司的年销售收入已过 8000 万元，2000 年下半年，就在江南春准备大展拳脚时，"寒流"来了。互联网泡沫破灭，风险投资商们纷纷勒紧了钱袋，潇洒"烧钱"的各大网站一下断了资金来源，"永怡"的广告收入萎缩了大半。到2001年底，尽管公司勉强维持了下来，但江南春已经身心俱疲。

　　2002年春节，江南春在徐家汇一家百货商场闲逛时，在电梯门口被一张漂亮的招贴画吸引住了。大家抱怨电梯慢，等电梯的时间往往很烦、很无聊。这些牢骚话让江南春突发奇想："这些广告太呆板了，能不能让海报变成电视？如果有电视，人们在等电梯的时候就不会感到没趣了，效果也会比招贴画好很多。我在电视上播广告怎么样，大家肯定乐意看广告的！"

　　显然，这是一个巨大的市场空白点，江南春激动得彻夜未眠。于是，一个很时尚的创业计划，在他脑海中产生了。

　　商家最看重效益，这种广告有用吗？某手机公司在推广商务手机时专门做了一个测试：他们对这款手写输入手机分别做了两个版本的广告，一个版本以"机器人"为主角，在上海各个电视台播放；一个版本以"背剑武士"为主角，在江南春的电梯电视里播放。广告效果很快显现出来，很多消费者没多久就直奔该手机品牌的柜台。当然，这些顾客都记不清型号，但提出要买"广告中有把剑的那个手机"的人数比例远远高于"机器人手机"的比例，这个结果让该公司大吃一惊！从此，他们在推广新手机时，首先会找江南春。

　　紧接着，信用卡、洋酒、化妆品等纷纷找上门来。短短3个月，江南春就接到600多万元的广告订单。电梯广告，开始风靡大上海。

　　相信大家都读过"把梳子卖给和尚"的故事。乍一看，这是一个难以完成的任务，却有人可以做出很不错的业绩。原因就在于：他突破了传统思维的限制，梳子除了用来梳头发还可以做什么呢？可以做纪念品。如果在其上刻上"积善梳"三字，其意义又非同寻常了，根据不同的香客身份赠送不同品种的梳子，市场也就更为广阔了。

　　有时候，一个人的成功与否，往往不是看他是否勤奋和努力，更多时候是看他能不能迅速地找到解决问题最简单的方法。

换个角度看问题

任何一个取得成功的人，都能够从不同的角度去想问题，过去的思维不会成为他们的桎梏，他们往往能够突破常规的思维，取得创新硕果。当思维遇到瓶颈时，不妨换个角度看问题，或许就会柳暗花明，豁然开朗了。

台湾著名漫画家蔡志忠说："如果拿橘子比喻人生，一种是大而酸的，另一种就是小而甜的。一些人拿到大的会抱怨酸，拿到甜的会抱怨小；而有些人拿到小的就会庆幸它是甜的，拿到酸的就会感谢它是大的。"

任何事情都有正反两方面，所有的事情，都没有一把统一的标尺来衡量它的是与否。一件事从不同角度去看，就会看到不同的风景，会有不同的感受。只要我们做事情的时候，用积极的心态去对待，多一些宽容，多做一些换位思考，就算再无法逾越的鸿沟，也不能阻挡我们前进的步伐，再棘手的难题，只要换个角度去看待，也许就会有截然不同的效果，就会看到乌云背后的蓝天。

一个船夫摇着小船在大海中行驶，浪花不断地向小船涌来，小船随着波浪微微地荡漾。一只海鸥落在船夫的肩头，对他说："你多幸福啊，大海摇荡着你，就像打秋千似的。"船夫听了，摇摇头笑着说："不对，是我在摇荡着大海！你看，大海的波涛都被我摇起来了。"

所谓的大与小、强与弱、喜与悲等，很多时候都是依照人们的感官和习惯认定的。若换个角度看问题，人生的风景可能大不相同。

　　要做到换一个角度看待问题或灾难并不是那么容易的，它需要睿智与勇气。在大发明家托马斯·爱迪生 67 岁时，他的实验室在一场大火中化为灰烬，损失超过 200 万美金。爱迪生的儿子在大火后找到了他的父亲，他的父亲平静地看着火势说道："灾难自有它的价值。我们以前所有的谬误、过失都被烧了个干净，我们又可以重头再来了。"67 岁，眼看着自己几乎耗费一生的心血付诸东流，换了其他人都会感到命运的无情甚而绝望，而爱迪生有那种勇气可以昂然面对灾难，他更有那种睿智，可以换一个角度来看待，他从灾难中看到了其存在的价值，看到了"从头再来"，看到了新的希望。

　　生活中，无论我们做什么事情，都不要一条道走到黑，钻牛角尖，换一个角度看问题，你会有不同的发现。一个不规则的多面体，从每一个面看，都有不同的形态。同样，一个事物从不同的角度看，也会得出不同的结论。哲学上讲的看事物要一分为二，说的就是这个道理。但有时你只看到了其中的一面，便下了总结论，这往往会一错再错。因此，换一个角度看问题，你会有别样收获。

　　"塞翁失马，焉知非福"这是个蕴含着深刻哲理的古代故事。那个老者并非有什么特别的能力，只是正确的分析事物的现象和发展过程，既看到了失马坏的一面，又看到了得马好的一面，最终得出了正确的结论。如果他与周围人一样，只从失马这个角度一味地悲伤懊悔，只会平添痛苦，得马后又一味地欢喜，就更显得愚昧了。

　　一般事物有多个角度，对于一个复杂的人更需要多角度考虑。从历史角度讲，评价一个人物需要多方面综合他的特点。换个角度评价这一人，你会从中挖掘出他的内心深处更本质的东西，帮助你更全面的认识这个人。

　　换个角度看问题，让你看清了事物的本质，让你全面的认识了事物，使你在角度变换中不断收获，不断进步。

实干的人, 还要会巧干

很多人认为, 只有苦干才能成功。但无数成功者的经验表明, 一个人要走向成功不能只会苦干, 更要学会巧干。

老王是当地颇有名气的水果大王, 尤其是他的高原苹果色泽红润, 味道甜美, 供不应求。有一年, 一场突如其来的冰雹把将要采摘的苹果砸开了许多伤口, 这无疑是一场毁灭性的灾难。然而面对这样的问题, 老王没有坐以待毙, 而是积极地寻找解决这一问题的方法, 不久, 他便打出了这样的一则广告, 并将之贴满了大街小巷。

广告上这样写道: "亲爱的顾客, 你们注意到了吗? 在我们的脸上有一道道伤疤, 这是上天馈赠给我们高原苹果的吻痕——高原常有冰雹, 只有高原苹果才有美丽的吻痕。味美香甜是我们独特的风味, 那么请记住我们的正宗商标——伤疤!"

从苹果的角度出发, 让苹果说话, 这则妙不可言的广告再一次使老王的苹果供不应求。

一个人做事, 若只知下苦功夫, 则易走入死路, 若只知用巧, 则难免缺乏"根基", 唯有三分苦加上七分巧才能更容易达到自己的目标。

游笙是一家医药公司的推销员。一次他坐飞机回公司, 竟遇到了劫机。通过各界的努力, 问题终于得以解决。就在要走出机舱的一瞬间, 他突然想到: 劫机这样的事件非常重大, 应该有不少记者前来采访, 为什么不好好利用这次机会宣传一下自己公司的形象呢?

于是，他立即从箱子里找出一张大纸，在上面写了一行大字："我是××公司的游笙，我和公司的××牌医药品安然无恙，非常感谢搭救我们的人！"他打着这样的牌子一出机舱，立即就被电视台的镜头捕捉住了。他立刻成了这次劫机事件的明星，很多家新闻媒体都争相对他进行采访报道。

等他回到公司的时候，受到了公司隆重的欢迎。原来，他在机场别出心裁的举动，使得公司和产品的名字几乎在一瞬间家喻户晓了。公司的电话都快打爆了，客户的订单更是一个接一个。董事长当场宣读了对他的任命书：主管营销和公关的副总经理。事后，公司还奖励了他一笔丰厚的奖金。

游笙的故事，说明了一个道理：做任何事情，都要将"苦"与"巧"巧妙结合。正所谓"三分苦干，七分巧干"，"苦"在卖力，"巧"在灵活地寻找方法。只有这样，才最容易找到走向成功的捷径。生活中，只要你积极地开动脑筋，寻找方法，总能找到解决之道，冲出困境。

实干的人，还要会巧干。工作中，无论多干、少干，能够找对方法、出业绩的员工才是企业最需要的员工。在企业中最受重视的员工，并不是那些只知道忠诚敬业的员工，只有那些出成果、重成效的员工，才是最有发展前途的员工。

在美国企业中流传这样一句话："上帝不会奖励只知道努力工作、兢兢业业的人，而是会奖励找对方法工作的人。"一旦方法对路，工作中的难题也就容易解决，一个人的工作能力也就凸显出来了。

有个客人在机场搭上一辆出租车。这辆车地板上铺了羊毛地毯，地毯边上缀着鲜艳的花边。玻璃隔板上镶着名画的复制品，车窗一尘不染。客人惊讶地对司机说从没搭过这样漂亮的出租车。

"谢谢你的夸奖。"司机笑着回答。

"你是什么时候开始装饰你的出租车的?"客人问道。

"车不是我的,"他说,"是公司的,多年前我本来在公司做清洁工人,每辆出租车晚上回来时都像垃圾堆。地板上尽是烟蒂和火柴头,座位或车门把手甚至有花生酱、口香糖之类的黏黏的东西。我当时想,如果有一辆保持清洁的车给乘客坐,乘客也许会多为别人着想一点。"

"我在领得出租车司机牌照后,便马上照那个主意办。我把公司给我驾驶的出租车收拾得干净明亮,又弄了一张薄地毯和一些花。每个乘客下了车,我就查看一下车子,一定要替下一个乘客把车准备得十分整洁。"

"从开车到现在,客人从没有令我失望过。从来没有一根烟蒂要我捡拾,也没有什么花生酱或冰激凌蛋筒尾,更没有一点垃圾。先生,就像我所说的,人人都欣赏美的东西。如果我们的城市里多种些花草树木,把建筑物修得漂亮点,我敢打赌,一定会有更多人愿意有垃圾箱。"

我们经常听到某些人讲:"没有功劳也有苦劳。"苦劳固然使人感动,但是在市场经济体制下,只有那些做出实际业绩,能够为企业创造实实在在业绩的人才能够赢得公司的青睐,才能够获得更好的发展。

一个人,如果想让自己的工作更有效率,其关键之道,不在于苦干,而在于巧干。因为,面对工作中出现的问题,有的时候,只靠勤奋和认真是难以解决的,那个时候,就迫切地需要灵活的头脑和巧妙的方法,唯有此,才能更好更快地寻找到解决之道。

凡事找方法而不是找借口

在工作中，如果我们遇到了难题，应该坚持的原则是：找方法而不是找借口。

一家针织刺绣厂效益相当好，想要进这家工厂的人很多，厂方给前来应聘者设置了不低的"门槛"，特别是招聘时，经常出一些怪题为难大家。即使这样，还是有很多人想来这里碰碰运气。

有一年，厂方给应聘者出的题目是：36 小时内折叠 1800 只爱心千纸鹤。大部分应聘者都知道和见过千纸鹤，有的还亲自动手折过。她们想，这是细活，厂方可能在考验应聘者的耐心和动手能力，因为纺织行业需要这种精神和能力。回去后，女孩子们发现，这几乎是不可能完成的任务。因为，即使不吃饭不睡觉，也很难在如此短的时间内折叠完 1800 只千纸鹤。或许，厂方是在比较谁的手更灵巧麻利、谁折叠得多、谁的质量更好。这样一想，很多应聘者的心态放松下来。

36 小时后，应聘者带着各自的作品接受检验。结果是：少部分人放弃了，极少部分人完成了任务，绝大多数人只完成了 500 到 1000 只。厂方对应聘者进行了面试和询问。有人说：家里出了意外，很难在短时间内安心完成任务。也有人说：这是根本无法完成的工作，任何人都无法做到，除非她又长出第三只手，我已经尽力了。还有人说：我认认真真地叠好每一只纸鹤，做到精益求精就够了，别的也没有多想。而完成任务的应聘者做法竟然惊人的相似：她们都找了家人或朋友帮忙。

结果按时完成任务的人顺利被录用了，其余的应聘者全部被淘汰。厂方的解释是：

首先考察的是应聘者的执行力，不能按时完成任务的绝不是合格的员工。其次考察的是应聘者的应变能力，之所以不在现场动手干活，就是想让她们回去动脑子想办法。最后更为重要的是绝对不会招收爱找借口的员工。在有限的执行时间内，执行者没有时间为做不好的事情找借口，没有时间文过饰非，任何执行者都应该抓紧时间去完成任务，"不可能"或"没有办法"常常是庸人和懒人的托词。

每个人都肩负着责任，对工作、对家庭、对亲人、对朋友，我们都有一定的责任，正因为存在这样或那样的责任，才能对自己的行为有所约束。寻找借口就是将应该承担的责任转嫁给别人。从企业来说，每一个员工都是企业的一颗棋子，从你跨进公司的那一刻起，你就具备了这种角色。这种角色就是承担相应的责任，如果你这个岗位上的职责没有履行好，那么你这个角色就是失败的。

遇到困难，仅仅抱怨和找借口是不够的。执行者应该善于改变和调整自己，积极适应外因的变化。面对难以逾越的困难时，执行者更应该想方设法突破问题的缺口，一番努力之后将会柳暗花明。

凡是只找借口而从来不采取行动的人，一定是一个失败的人。而凡是找方法并能付诸行动的人，一定是一个成功的人，因为他所遭遇的失败只是暂时的。

当今社会的一些年轻人，当他们需要付出劳动时，总会找出很多的借口来安慰自己，总想让自己轻松些、舒服些。这些人总是会说，"总有一天我会进入世界一流大学，那时我会好好学习最先进的文化；总有一天我会成为一个出色的工程师，那时，我将开始按照自己的方式生活；总有一天，我会住进豪华的别墅，同可爱的孩子们住在一起，我们全家人一起进行令人兴奋的全球旅行……"总是在等待，总是在找借口，却从来不付诸行动。到最后，所有的想法都成了空想。

在日常工作中，你千万不要说任何类似借口的话语。当你想找借口的时候，就已经偏离了自己的成功之路，拐到弯路上去了。

此路不通就换条路

生活中当我们的思维遇到瓶颈时，总被一些所谓的经验、权威左右。常常让我们的思维逻辑推理进入一个可笑的误区，并陷入其中无法自拔。殊不知转个弯，换个方法，就又是柳暗花明的一片新世界。

生活中我们每个人都要对自身有一个清楚的认识，明白自己适合什么，缺乏什么，在这种认识之上来选择自己的人生道路。当"此路不通"时，就要尽快地抽身离开，换条道路，或许会发现属于自己的那一片天地。

卢明生曾是一家能源公司的业务员。当时公司最大的问题是如何讨账。公司的产品不错，销路也不错，但产品销出去后，总是无法及时收到货款。

有一位客户，买了公司 30 万元产品，但总是以各种理由迟迟不肯付款，公司派了三批人去讨账，都没能拿到货款。当时卢明生刚到公司上班不久，就和另外一位姓张的员工一起，被派去讨账。他们想尽了各种方法，最后，终于在 3 天之后，收到了那笔 30 万元的现金支票。

他们拿着支票到银行取钱，希望能够立刻换得现款，结果却被告知，账上只有 299900 元。很明显，这是那个客户故意刁难他们的小动作，给的是一张无法兑现的支票。第二天就要放年假了，如果不及时拿到钱，不知又要拖到什么时候。

遇到这种情况，小张当下就想冲回客户公司大吵一架，但是卢明生为人聪明，他突然灵机一动，主动拿出 100 元钱，让小张存到客户公司的账户里去。这一来，账户里就有了 30 万元，他立即将支票兑了现。

当他带着这 30 万元回到公司后，董事长对他大加赞赏。之后，他在公司不断发展，3 年之后当上了公司的副总经理，后来又当上了总经理。

显然，在这个故事中，因为卢明生的智慧，一个看似难以解决的问题迎刃而解了。因为他总是变通地运用方法解决问题，才得以获得不凡的业绩，并得到公司的重用。

一个优秀的人必是一个善于变换思路和方法的人。他不会固守一种思路，也不会迷信一种方法。他会审时度势，适时突破，在变化中迅速拿出新的应对方案。他相信，一个问题不会只有一种解决方法，只要肯用心，还可以找到第二条、第三条路走。

道本连自己的名字都不会写，却在大阪的一所中学当了几十年的校工。尽管工资不多，但他已经很满足命运为他所安排的一切。就在他快要退休时，新上任的校长以他"连字都不认识，却在校园里工作，太不可思议了。"为由，将他辞退了。

道本恋恋不舍地离开了校园，像往常一样，他去为自己的晚餐买半磅香肠。但快到食品店门前时，他想起食品店已经关门多日了。而不巧的是，附近街区竟然没有第二家卖香肠的。忽然，一个念头在他脑海里闪过："为什么我不开一家专卖香肠的小店呢？"他很快拿出自己仅有的一点积蓄开了一家食品店，专门卖起香肠来。

因为道本灵活多变的经营，十年后，他成了一家熟食加工公司的总裁。他的香肠连锁店遍及了大阪的大街小巷，并且是产、供、销"一条龙"服务。颇有名气的道本香肠制作技术也在学校应运而生。

当年辞退他的校长早已忘了道本这位曾经的校工。在得知著名的董事长识字不多时，便十分敬佩地称赞他："道本先生，您没有受过正规的学校教育，却拥有如此成功的事业，实在是太不可思议了。"

道本诚恳地回答："真感谢您当初辞退了我，让我摔了跟头，从那之后我才认识到自己还能干更多的事情。否则，我现在肯定还是一位靠一点退休金过日子的校工。"

"此路不通"就绕个圈，这个方法不行就换个方法，应该成为每个人的生活理念。一个卓越的人，必是一个注重思考、思维灵活的人。当他发现一条路走不通或太挤时，就能够及时转换思路，改变方法，以退为进，寻找一条更加通畅的路。这一点思维特质，是需要我们用心学习的。

第五章
坚持到底就是胜利

"世界上没有什么东西能够取代持之以恒。才干不行，有才干的人不能获得成功的事情我们已经司空见惯；天赋不行，没有回报的天赋只能成为笑柄；教育不行，世界上到处都有受过教育却被社会抛弃的人。只有恒心和果敢才是全能的。"

"持之以恒"说起来很容易，但是要真正做到，却不是一件容易的事。即便是一件小事，要做到持之以恒，也需要毅力。

积沙成塔，集腋成裘

有一句老话"积沙成塔，集腋成裘。"它的意思不说你也明白，正是这句话的主要精神成为全世界华人的一个明显标志。

很多人的"资产"都是积累的。大富豪的钱是积累来的；大将军的战功是积累来的；大学者的学问是积累来的；大作家的著作是积累来的……因此，"积累"是由小而大，由少而多的必然过程，这一点是无可怀疑的。因此，如果能好好运用"积累法"，经过一段时日后，必能有意想不到的成果。

有一个朋友很善于利用这个方法，他大一时就开始背英文字典，一天背五个英文单词，到大四时，虽然还没整本背完，但他记得的单词却比我们多好几倍。如果以抽烟为例，你更可以了解"积累法"力量的可怕；一个人抽烟抽了十年，平均一天一包，你算算看，这十年来他抽了多少支烟？这也是"积累"来的。

由这几个例子，我们可以了解"积累法"的基本精神。

——不求快。因为"求快"就会给自己造成压力，欲速则不达。

——不求多。因为"求多"也会让自己无力承担，丧失积累的勇气，反而不如一点一滴地慢慢积累好。

——不中断。因为一旦中断，会影响积累的效果和意志，功亏一篑。

那么，身处异乡该积累什么资产呢？

首先是金钱，金钱是生活的根本。人发财的机会一生之中只有那么几回，平常还是要一分一厘地赚，一分一厘地存，因此面对漫长的未来，你应好好积累你的金钱。能积累 1000 元就积累 1000 元，一积累 1 万元就积累 1 万元，以免碰到赚大钱的机会时苦于无本钱的尴尬。"大富由天，小富由俭"这句话是不会错的。另外，做生意也应有这样的观念，不因嫌钱少就不赚，积少成多胜过一无所有。

其次是工作经验。人世间的天才不多，绝大多数人都要边做边学边积累经验，有了经验，进可自行创业，退可谋得一职。经验越是丰富，身价就越高。不过你得注意一点：不要轻易换行，因为就专业经验来说，换行也是积累的"中断"。

再其次是朋友。朋友是做事的关键因素之一，朋友越多的人做事越方便，也越可能成就大事。但朋友关系的建立不是一朝一夕的，因为从认识、了解到合作，必须有一段时间，因此不必急，也不能急，慢慢积累，你就会有丰富的人际关系。

你也可积累小信心为大信心，积累小胜利为大胜利……总而言之，凡是对你有利有益的人、事、物，你都可以用"积累法"，使之成为你的资产。

此外，你也可以活用"积累法"来做事。不能一次成功的的事，分成两次、三次来做……持续不断地用心，一点一滴地做，以减轻压力。

"积累法"并不是什么高深大法，如果你能运用，一定可以感受到它的好处——资产一天天地变多，压力一天天地变少。

持之以恒，终会成功

　　永远都不要绝望。如果做不到这一点的话，那就抱着绝望的心情去努力工作。正所谓"对于精神不松懈、眼光不游移、思想不走神的人，成功不在话下。"只有持之以恒地按照自己的目标去演练自己，才能将自己造就成自己所希望的人。生下来就一贫如洗的林肯，终其一生都在面对挫败：八次选举八次都落选，两次经商失败，甚至还精神崩溃过一次。

　　有好多次他本可以放弃，但他并没有如此，也正因为他没有放弃，才成为美国历史上最伟大的总统之一。以下是林肯进驻白宫的历程简述：

　　1816年，他的家人被赶出了居住的地方，他必须工作以抚养他们。

　　1831年，经商失败。

　　1832年，竞选州议员，但落选了。

　　1832年，工作丢了，想就读法学院，但进不去。

　　1833年，向朋友借一些钱经商，但年底就破产了，接下来他用17年才把债还清。

　　1834年，再次竞选州议员，这次他赢了！

　　1835年，订婚后就快结婚了，但爱人却死了，因此他的心也碎了。

　　1836年，完全精神崩溃，卧病在床六个月。

　　1838年，争取成为州议员的发言人，但没有成功。

　　1840年，争取成为选举人——失败了。

1843 年，参加国会大选——落选了。

1846 年，再次参加国会大选，这次倒是当选了，前往华盛顿特区，表现可圈可点。

1848 年，寻求国会议员连任——失败了。

1849 年，想在自己的州内担任土地局长的工作——被拒绝了。

1854 年，竞选美国参议员——落选了。

1856 年，在党的全国代表大会上争取副总统的提名——得票不到 100 张。

1858 年，再度竞选美国参议员——又再度落败。

1860 年，当选美国总统。

林肯说："此路破败不堪又容易滑倒。我一只脚滑了一跤，另一只脚也因而站不稳，但我回过气来告诉自己'这不过是滑一跤，并不是死掉爬都爬不起来了'"

逆水行舟，不进则退

很多人都曾经向苏格拉底请教："要成为一个拥有博大精深的学问和智慧的人该怎么做？"苏格拉底告诉他们："做这样的人也很简单，你们先回去每天做 100 个俯卧撑，一个月以后再来这里找我吧。"

人们听了，禁不住哂笑一声："这么简单的事情，谁不会啊？"然而一个月过去的时候，重新去找苏格拉底的人却少了一半。苏格拉底看了看剩下的一半人说："好，再坚持一个月吧。"结果，又一个月过去之后，回来的人已经不到五分之一了。

一个简单的俯卧撑，都有人连一个月都无法坚持，更何况是其他更难的事情。要做到持之以恒谈何容易。因此，心态浮躁的人需要有意识地培养自己的定力和耐力，克服自己浮躁的弱点。

很多时候，浮躁也是一种长期养成的习惯，要改掉并不容易，但也不是不可能。只要敢于坚持，善于坚持，持之以恒地努力，那么，奇迹就一定会发生的。

改变浮躁的心态，不妨从自己身边的小事做起，有意识地培养自己的定力和耐力。天长日久你就会发现：坚持能够给你带来意想不到的收获。

李平是一个特别没有耐性的孩子，无论做什么事情都是三分钟的热情。

父亲决定帮助他改变这个性格缺陷。有一天，父亲把李平叫到身边，给了他一块木板和一把小刀，对他说："从现在开始，你每天在这块木板上刻一刀，记住，只准刻一刀。"李平觉得这是一个很好玩的游戏。于是，每天早上起来他的第一件事，就是用小刀在木板上刻一道划痕。

然而，他只坚持了一个星期。第二个星期，李平就觉得不耐烦了，他问父亲："为什么不让我多刻几刀呢？我不明白您让我每天在木板上刻一刀是什么用意。"父亲并没有直接回答他的问题，只是微笑着说："过几天你就知道了。"见父亲不告诉自己答案，且还一脸神秘的表情，李平也无可奈何。于是，他照着父亲的话继续坚持刻下去。

这一天，李平和往常一样用刀在木板上刻了下去。奇迹发生了：木板居然被自己切成了两块。李平觉得惊讶极了，这么厚重的木板既然被自己薄薄的小刀切断了，这简直不可思议。

这时，父亲走过来对他说："你看，只要你坚持，持之以恒地努力，成功是不是很简单呢？每天坚持一点点，你就会达成自己的梦想。"

经过这个神奇的游戏后，李平相信了持之以恒的力量，在学习中，每当遇到难题，他也会借助这个神奇的力量来帮助自己。结果他发现没有什么是不可征服的。

心态浮躁的人常常缺乏定力，做事情三心二意，不能够善始善终。当困难来临的时候，首先想到的不是怎么解决困难，而是逃避。其实，要培养自己持之以恒的耐力和定力，不妨从成功人士身上吸取力量。但凡历史上那些成就大事业的人，都有一个共同的特点：那就是坚持。只要理想和目标一日没有实现，他们就一日不放弃努力。我们不妨以他们为榜样，从他们身上吸取力量，有意识地锻炼自己坚强持久的意志力。

都江堰是中国历史上有名的水利工程，它是由李冰父子建造的。当年，李冰父子在建造都江堰的时候遇到了重重阻拦。然而，正是因为他们持之以恒，敢于坚持，才有了今天的天府之国。

当时，李冰曾经提议在岷江的江心修筑一个人工岛屿，因为岛尾像一个梭子，故取名为"飞沙堰"，不但能排洪还能灌溉。然而，老太守对李冰的做法并不理解。而且，那些财主们想到飞沙堰一旦完工，老百姓的灌溉也不成问题了，那他们的粮食只能烂在粮仓里了。

于是，他们筹集了一笔银子送给老太守，说是捐作治理岷江之用。在老太守感激的同时，财主们趁机盅惑，说李冰治理岷江的方案乃是沽名钓誉、劳民伤财。老太守听了怒不可遏，立刻出面阻止李冰的行为。但是，李冰没有退却，继续埋头于工程。

有一年夏天，下了很大的雨，水位迅速上涨。当洪水快要漫过岸边，大家都在惊慌失措的时候，没料想，飞沙堰开始泄洪，水位又降了下来。李冰和儿子见飞沙堰确实起了作用，感到非常欣慰。然而财主们却偷偷派人将飞沙堰挖开决口，顿时洪水蔓延。人们对李冰的成见更深了。

这一下，李冰不但失去了太守的支持，而且还失去了群众的支持和信任，真的是孤军奋战了。然而李冰父子并没有放弃，他们继续完善方案，找到泄洪的关键所在，并下令征集劳力开凿伏龙山。这下，顿时民怨沸腾，财主们更是趁机煽动，百姓聚集在太守府要将李冰赶出蜀地。

李冰无奈，只好带着儿子亲自开凿伏龙山，同时也设法找出暗中作梗的人以还自己清白，让百姓理解自己的苦心。

最终，李冰父子的执着感动了百姓，老太守这才醒悟过来。后来，当他亲眼看见李冰父子为开凿伏龙山而身受重伤的时候，终于被二人的行为所感动，于是带领众人一起开凿伏龙山。

伏龙山开凿完工的当年，岷江遭遇了史无前例的大洪水，但是岷江周围的百姓却安然无恙。自此成都平原成了真正的天府之国。

　　信守一份执着，就是信守一份希望。情况越是困难，处境越是艰难，越要有自己的主见，越要坚持。相信自己的判断，坚定自己的信念，坚持自己的理想。不论什么时候都不能失去希望，相信只要坚持，就一定能取得成功。

失败是成功之母

"失败为成功之母"一个人只要有向上的决心，必定能在失败中寻获成功的钥匙，如果就此灰心丧气，便永远尝不到成功的果实。

生活中，但凡能够成就一番大事业的人，都是因为他们绝不向困难低头，屡败屡战。只有经历过失败的痛苦，才能更深刻地体会成功的喜悦。那些没有遇到过大失败的人，有时反而不知道什么叫大胜利，也不会真正地去享有大胜利。

人的一生，总会与坎坷挫折相伴，不可避免地要遭受这样或那样的失败。只不过有的人经历得少一些，有些人经历得多一些罢了。人生就是在不断地栽跟头，又不断地爬起来的过程中前进的。

清朝的著名将领曾国藩曾多次率领湘军同太平军打仗，然而总是屡战败战，特别是在鄱阳湖口一役中，差点连自己的老命也送掉。

他不得不上书皇帝表示自责之意。在上书书里，其中有一句是"臣屡战屡败，请求处罚"。有个幕僚建议他把"屡战屡败"改为"屡败屡战"。这一改，果然成效显著，皇上不仅没有责备他屡打败仗，反而还表扬了他。

"屡战屡败"强调每次战斗都失败，成了常败将军；而"屡败屡战"却强调自己对皇上的忠心和作战的勇气，虽败犹荣。这一点点的改动体现出了一个道理：在人的一生中，要想取得成功首先必须经历失败，因为失败是走向成功的起点。失败是成功之母。

失败并不是人生的终结，只是成功的起点，一个人的失败不是偶然的，但是一个人的成功确是偶然的。失败的下一站是"痛苦"，但并不是终点站，而是"岔道口"。在这个"岔道口"分出两条路：一条是心灰意冷、一蹶不振的路，这条路通向彻底的失败。这时的失败才是最终的结果。另一条是吸取教训、奋起拼搏的路，这条路可能通向成功，也可能通往失败。但只有踏上了这条路，才有成功的希望。

因此，一个人遭受了失败，并不意味着就是最终的结果，关键在于站在"痛苦"这个"岔道口"的时候自己应选择哪一条路。

一位全国著名的推销大师，即将告别他的推销生涯。应行业协会和社会各界的邀请，他将在该城最大的体育馆作告别职业生涯的演说。

演说那天，会场座无虚席，人们在热切地、焦急地等待着那位当代最伟大的推销员，期待他说出什么惊世良言，期待从他身上学习经验。当大幕徐徐拉开，人们惊讶地发现，舞台的正中央吊着一个巨大的铁球。为了支撑住这个铁球，台上还搭起了高大的铁架。

所有人都惊奇地望着老人，不明白他是何用意。这时两位工作人员抬着一个大铁锤放在老人的面前。主持人这时对观众说："请两位身体强壮的人到台上来。"很多人站起来，其中两名眼疾手快的年轻人已经跑到了台上。

老人这时开口对他们讲规则，请他们用这个大铁锤去敲打那个吊着的铁球，直到把铁球荡起来为止。

其中一个年轻人抢着拿起铁锤，拉开架势，抡起大锤，全力向那吊着的铁球砸去。铁球发出一声震耳欲聋的响声，却一动也不动。年轻人用大铁锤接二连三地砸向吊球，很快他就累得气喘吁吁了。另一位年轻人也不甘示弱，接过大铁锤把吊球打得叮当响，然而铁球仍然纹丝不动。台下的观众已经渐渐失去了热情，呐喊声渐渐消失，观众好像认定那是没用的，就等着老人作出解释了。

这个时候，老人从上衣口袋里掏出一个小锤，然后认真地对着那个巨大的铁球"咚"敲了一下，然后停顿一下，再一次用小锤"咚"敲了一下。人们奇怪地看着老人的举动。老人仿佛已经忘记了台下坐着的观众，就那样"咚"地敲一下，然后停顿一下，一直持续地做。

十分钟过去了，又一个十分钟过去了，有观众开始坐不住了，会场起了一阵骚动，有的人干脆叫骂起来，人们用各种声音和动作发泄着他们的不满。然而老人好像根本没有听见观众的叫骂声，仍然一小锤一小锤不停地敲着。有人开始愤然离场，会场上出现了大片大片的空缺。留下来的人们好像也喊累了，会场渐渐地安静下来。

大概在老人进行到 40 分钟的时候，坐在前面的一个妇女突然尖叫一声："球动了！"仿佛一声惊雷惊醒了沉默的人们，观众们屏息静气看着那个铁球，整个会场鸦雀无声。那球以很小的摆度摆动起来，不仔细看很难察觉。老人仍旧一小锤一小锤地敲着，一声一声仿佛敲在每个人的心上。

吊球在老人一锤一锤的敲打中越荡越高，它拉动着那个铁架子"咣、咣"作响，它的巨大威力强烈地震撼着在场的每一个人。会场里爆发出一阵阵热烈的掌声，在掌声中，老人转过身来，把那把小锤揣进兜里。

老人终于开口说话了："在成功的道路上，如果你没有耐心去等待成功的到来，那么，你只好用一生的耐心去面对失败。"

人只有在困难与失败中不断探索，才能获得成功。失败的经验越是丰富，成功的概率就越大。尤其是年轻人，应该把握黄金岁月，拥有强烈的目标意识，果敢地前进，才能使生命之树欣欣向荣。

不管你是谁，只要确定了目标，就要坚持不懈地去完成，耐心地等待成功。对于所有成大事的人来讲，问题不在于能力的局限，而在于等待成功的信念。

挫折让人更强大

生活中，挫折几乎伴随着我们每个人。考试失利，找工作碰壁，千辛万苦做出来的方案被客户贬得一文不值……

换个角度看，考试失利了是学习方法不对，找工作碰壁后知道了自己的不足，案子被驳回才发现有许多可修改的空间……

一个人经历的磨难越多，他的经验就越丰富，做人就越成熟，能力也才会越强大。

永远失去父亲的那一年，哈伦德还不足 5 岁，连自己的名字尚拼写不完整，家里的人哭作一团时，他觉得很好玩，因为一时间没有能顾及他，他可以自由自在地满镇子去疯。

14 岁辍学后回到印第安纳州的农场，上学时他不开心，干农活仍让他不开心，在电车上售票还是让他不开心，瘦削的小脸上罩满与年龄不相符的沉重与愁苦。

17 岁，他开了一个铁艺铺，生意还未完全做开就不得不宣告倒闭。

18 岁，他找到生命中第一个爱的码头，并栖身在此。但不久后的一天，他再回家时，发现房子里的东西被搬迁一空，人也不见了踪影，爱情以迅雷不及掩耳的速度流失，码头从此成荒。

他尝试过卖保险，失败了。

他力争到一份轮胎推销业务，也失败了。

他学着经营一条渡船，失败了。他试着开一家汽车加油站，也失败了。

在一次次失败的敲打下他无奈地走到了中年。这个中年的生命苍白无力到甚至无法从前妻那儿见自己的女儿一面。为了见到让他日思夜想的女儿，这个落寞的中年男人想到了绑架，绑架自己的女儿，然而，就连这荒唐之举，在他不惜弯下男儿之躯在路边草丛中潜伏守候了十多个小时之后也宣告失败了。

这个几乎被失败判了死刑的人，又晃过了几十年无人知也无人欲知的岁月之后，到了退休之年。一天，他收到了105美元的社会福利金，他用这点福利金开了一家想以此维生的快餐店——肯德基家乡鸡。

是的，他就是全球知名的肯德基的创始人哈伦德·森德斯先生。现在，肯德基快餐店几乎遍布全球的各个大街小巷。

每个人都不愿意生活中有那么多的困难和挫折，但是又都不可避免地会遇到这样或那样的挫折。也只有在一次次面对挫折的过程中我们才能够总结经验，才会让自己生活的知识日渐丰富。正如哈伦德－森德斯先生一样，谁都不能说他的成功靠的仅仅是运气。如果没有前面一次次的失败或许也不可能成就他的肯德基，不可能让肯德基走向世界。

2002年10月10日，一条消息在全球迅速传播开来——日本一位小职员荣获了2002年诺贝尔化学奖。一位小职员居然也获得如此大奖？没错，他就是日本一家生命科学研究所的田中。

他不是科学界的泰斗，也非学术界的精英，他甚至不是优等生，大学时还留过级。他找工作时未通过面试而被索尼公司拒之门外，后经老师的极力推荐才有机会走进现在的这家研究所。他是那样的平凡。获奖前，就连同事都不知道有田中这个人。当他接到获奖通知时，他还以为是谁在跟他开玩笑呢。

面对众多记者的追问，田中笑着说："说来惭愧，一次失败却创造了让世界震惊的发明……"

事实的确如此。当时，田中的工作是利用各种材料测量蛋白质的质量。有一次，他不小心把丙三醇倒入钴中，他没有立即推翻重来，而是将错就错对其进行观察，于是意外地发现了可以异常吸收激光的物质，为以后震惊世界的发明"对生物大分子的质谱分析法"奠定了成功的基础。

挫折是生活中不可多得的财富，一次意外的挫折成就了田中，也让他的事业迎向了新的高峰。

很多时候，挫折可以成为你手中的财富，为你带来好运。挫折会使你成为一个能够拥有充足的智慧、饱满精神的真正的成功人士。

当挫折来临的时候，不要逃避，不要抗拒，不要害怕困难，要勇敢地面对逆境，积累经验，让困难和逆境成为你人生的财富吧。

有志者事竟成

生活经历不同，成长环境不同，每个人面对挫折的态度也会有很大的差别。有些人无论遭受什么样的挫折和苦难，仍然能够坚韧不拔，百折不挠，锐意进取；而有些人只要碰到一点点困难，就怨天尤人，垂头丧气，一蹶不振。实践证明，身体强壮、心胸开阔、常处逆境、意识紧张、有理想、有抱负、有修养的人，对挫折的耐受力强；相反，体弱多病、心胸狭窄、娇生惯养、感情脆弱、缺乏雄心壮志的人，对挫折的耐受力则低。对挫折的耐受力虽然与遗传素质有关，但更重要的是来自于后天的教育、修养、实践、经验和锻炼。在现实生活中，每个人都可以通过自觉、有意识地锻炼，去培养提高自己对挫折的耐受力。

有个人由于船翻了，只能靠一块木板漂浮在水上，每天抓活鱼吃、喝海水。由于自己坚强的意志，终于在两个月后被海岸巡逻队发现了，救上了岸。这是个平凡人的传奇故事，他能靠自己的意志和对困难的态度，获得与死亡交战的胜利。与其相反，有些人则对自己没有丝毫的信心，从而使自己事业失败，友情失败……最终使自己遗憾终身。

凡是经历过磨难、有修养的人，每逢受到挫折时，大都有一些灵活应变、化险为夷的"窍门"。归纳起来，大致有以下几种：

期望法：遇到挫折时，尽量少考虑暂时的得失，多想美好的未来，不断激励自己振作起来，一切都会过去，将来一定会成功。

知足法：在挫折面前，要满足已经达到的目标，对一时难以做到的事情不奢望、不强求，同时多看看周围不如自己境况的人。这样，就容易从烦恼、痛苦中解脱出来，为将来的成功创造良好的心理环境。

补偿法：古人说"失之东隅，收之桑榆"。即在某方面的目标受挫时，不灰心气馁，以另一个可能成功的目标来代替，而不致陷入苦恼、忧伤、悲观、绝望的境地。

升华法：在遭受个人婚恋失败、家庭破裂、财产损失、身患疾病等打击之后，化悲痛为力量，发奋图强，去取得学习、工作和事业的成功，这是应付挫折最积极的态度。

东汉时，耿弇是汉光武帝刘秀手下的一员名将。有一回，刘秀派他去攻打地方豪强张步，战斗非常激烈。后来，耿弇的大腿被一支飞箭射中，他抽出佩剑把箭砍断，又继续战斗。终于大败敌人。汉光武帝表扬了耿弇。并且感慨地对他说："将军以前在南阳时提出攻打张步、平定山东一带，当初还觉得计划太大，担心难于实现。现在我才知道，有志气的人，事情终归是能成功的。"

我们要坚信，困难和失败都只是暂时的。只要我们能够勇敢地面对，重整旗鼓，勇于拼搏，人生之舟就会战胜惊涛骇浪，驶过激流险滩，到达理想的彼岸。即使是一时的受挫、失败，也终会成为人生之路勇敢的开拓者、事业上的成功者。

再坚持一下

一只不起眼又被人讨厌的毛毛虫忍受着别人异样的目光，吐丝把自己包裹起来，一层一层丝缚在毛毛虫身上。它没有哭泣，只因它知道，它有一个梦想：成为一只美丽的蝴蝶，在百花中散发耀眼光芒。

可是，破茧成蝶不是一朝一夕的，在它自己织的"家"中没有言语，没有温暖，它一动不动地蜷缩在小小的空间中，等待，等待……就这样，一天天过去，茧破开了一条缝，蝴蝶的身子慢慢出现，撕开了茧，它骄傲地飞翔在蔚蓝的天空中，自由自在。

"再坚持一下"，是一种不达目的誓不罢休的精神，是一种对自己所从事的事业的坚强信念，也是高瞻远瞩的眼光和胸怀。它不是蛮干，不是赌徒的"孤注一掷"，而是在通观全局和预测未来之后的明智抉择，一种对人生充满希望的乐观态度。

在山崩地裂的大地震中，不幸的人们被埋在废墟下。没有食物，没有水，没有亮光，连空气也那么少。一天，两天，三天……还有希望生存吗？有的人丧失了信心，他们很快虚弱下去，不幸地死去。

而有些人却不放弃生的希望，坚信外面的人们一定会找到自己，救自己出去。结果，他们创造了生命的奇迹，他们从死神的手中赢得了胜利。

越是在困难的时候，越要"再坚持一下"。有时，在顺境时，在预定的目标未完全达到时，也要"再坚持一下"，不要因小小的成功就停止不前。

你能承受多少次失败的打击？生活中，很多人在多次失败的打击之下，令人惋惜地放弃了努力。有的人甚至在一次的不如意之后就开始灰心丧气、绝望。其实，成功就在你绝望、准备放弃的背后。如果你能咬牙再坚持一下，再努力一把，克服这种深深的绝望感，成功就会奇迹般地出现在你面前。

行百里者半九十。最后的那段路，往往是一道最难跨越的门槛。其实每一个人的一生中，无论工作或生活，都会或多或少地出现这样那样的极限环境，或者说极限困境。有的时候就需要那么一点点毅力，一点点努力的坚持，成功就能触手可及，而不是充满遗憾地擦肩而过。

1905 年，洛伦丝·查德威克成功地横渡了英吉利海峡，因此而闻名于世。两年后，她从卡德那岛出发游向加利福尼亚海滩，想再创一项前无古人的记录。

那天，海上浓雾弥漫，海水冰冷刺骨。在游了漫长的 16 小时之后，她的嘴唇已冻得发紫，全身筋疲力尽，而且一阵阵战栗。她抬头眺望远方，只见眼前雾霭茫茫，仿佛陆地离她十分遥远。"现在还看不到海岸，看来这次无法游完全程了。"

她这样想着，身体立刻就瘫软下来，甚至连再划一下水的力气也没有了。

"把我拖上去吧！"她对陪伴她的小艇上的人挣扎着说。

"咬咬牙，再坚持一下，只剩下一英里远了。"艇上的人鼓励她。

"你骗我。如果只剩一英里，我早就应该看到海岸了。把我拖上去，快，把我拖上去。"

于是，浑身瑟瑟发抖的查德威克被拖了上去。小艇开足马力向前驰去，就在她裹紧毛毯喝一杯热汤的工夫，褐色的海岸线就从浓雾中显现出来，她甚至都能隐约看到海滩上，欢呼等待她的人群。到此时她才知道，艇上的人并没有骗她，她距成功确确实实只有一英里。

路，走着走着就清晰了，只是看你敢不敢坚持。山路十八弯，但是只要你坚持，再弯的路也能把你带到成功的彼岸。只要你坚持，只要你相信自己的判断，成功就在不远处。

当你发现所有人都在向东走的时候，你向北走的路崎岖而看似没有终点，请再思考一下，然后坚持走下去，再坚持一下，你就会成功。

传说，有两个人偶然与酒仙邂逅。神仙一时兴起，将酿酒之法传给了他们：取端阳节那天饱满的米，再加上冰雪初融的高山流泉，将二者调和，注入深幽无人处千年紫砂土铸成的陶瓮，再用初夏第一张看见朝阳的新荷覆紧，密闭七七四十九天，直到第四十九天的鸡叫三遍后方可启封。

就像每一个传说里每一个历险者一样，这两个人历尽千辛万苦开始寻找材料，那是极其漫长的一个过程，他们花了整整八年的时间，终于找齐了所有的材料，把它们一起调和密封，然后潜心等待四十九天之后的那个时刻。胜利似乎就在眼前了。

第四十九天到了。两人兴奋得夜不能寐，等着鸡鸣的声音。远处传来了第一声鸡鸣。过了很久，又响起了第二声鸡鸣。然而，第三遍鸡鸣声却迟迟没有传来。其中的一个人再也忍不住了，他打开了自己的陶瓮，迫不及待地尝了一口。立刻就惊呆了：天啦！这酒像醋一样酸。然而大错已经铸成，再也不可挽回了。他极度失望地把酒洒在了地上。

而另外一个人虽然也按捺不住想伸手，却还是咬紧牙关，坚持到了第三遍鸡鸣的声音。舀出来喝了一口，惊喜地大叫一声：多么甘甜香醇的酒啊！

　　就只差那么一刻，"醋水"没有变成佳酿。八年的时间都熬过来了却偏偏等不及那一声鸡鸣，于是前功尽弃，之前所有的努力都白费了，多么让人惋惜啊。

　　大多数成功者与失败者之间的差别往往不是因为机遇或者更聪明的头脑，只在于成功者多坚持了一下——有时候是一年，有时候是一天，有时仅仅只是几分钟。

第六章

自省让你更强大

《论语》有云："吾日三省吾身——为人谋而不忠乎？与朋友交而不信乎？传不习乎？"意思是：我每天多次反省自己——替人家谋虑是否不够尽心？和朋友交往是否不够诚信？老师传授的学业是否不曾复习？

自省是心灵深处的检讨，是一次思想的调整。自省首先是自我解剖，即用锋利的手术刀解剖自己，这样才会对自己有一个彻底的、深刻的认识，才能在生活中不断完善自己的人格。

有一种智慧叫自省

在现实生活中,很少有人能真正做到经常性的自我反省,就更不用说时时反省了,因为我们大多数人都喜欢抱着这样的一种心理:

——我先动手打他,是因为他惹我生气了。(不肯承认自己脾气不好的缺点。)

——这个计划是绝对完美的,在老总那里没有通过,是他偏心眼。(不肯静下心来,反思自己的不足。)

——我迟到了,是因为我家离单位太远。(不肯承认自己贪睡,晚起。)

其实,当你感到整个世界都在辜负你的时候,当你感到不快乐的时候,当你感到世界都错了的时候,你不妨先问一问自己是否是对的。如果整个世界都在辜负你,那么错的肯定是你,而不是这个世界。你要想改变这个局面,唯一的办法是改变自己。当你以一种正确的态度去对待这个世界时,世界也会以一种正确的态度对待你。

一只小狗老是埋怨有人踩它的尾巴,却从来没有反省过自己睡的位置不对:它总喜欢睡在过道上。平庸的人总是喜欢寻找外界的不是,却不愿意审视自己的不是。他们看得见别人脸上的灰尘,却看不见自己鼻子上的污点。但强者们却总是在调整自己、提高自己,努力地将自己打造成一个与外界和谐的人,他们更加注重自我反省与调整,深知只要自己对了,世界就对了。"现代戏剧之父"易卜生曾经告诫他人:"你的最大责任就是把你这块材料铸造成器。"说的其实也就是这个道理。

一个人是否善于自我反省，对于一个人的成就非常重要。在儒家的主张中，自省的内容是十分丰富、又是十分具体的，大致有如下一些方面：仁、义、礼、智、信、忠、恕、善和学识。如果对其进行概括，可以分为德性和学识两方面。在辨察自己是否有违背德性和学识的言行时，应以"圣贤所言"为依据和标准。

曾子认为，自省的主要内容是"忠""信""习"（为人谋而不忠乎？与朋友交而不信乎？传不习乎？）。孟子认为，"君子"不同于一般人的地方，就在于居心不同。"君子"居心在仁，居心在礼。他说，假定这里有个人，他对我蛮横无理，那"君子"一定会反躬自问，我一定不仁，一定无礼，不然，他怎么会有这种态度呢？反躬自问以后，我不存在非礼非仁的言行，那人仍然如此蛮横无理，"君子"一定又反躬自问：难道是我不忠？反躬自问以后，我也实在是忠心耿耿，那人仍然蛮横无理，"君子"就会说：这个人不过是一个狂人罢了，既然这样，那同禽兽有什么区别呢？对于禽兽又该责备什么呢？于是，我仍然不必为此动气。在这里，孟子认为，反省的内容应是"仁"和"礼"。

孟子还说："万物皆备于我矣。反身而诚，乐莫大焉。强恕而行，求仁莫近焉。"他认为，反躬自问，自己是忠诚的，便引以为最大的快乐。不懈地按推己及人的恕道做去，达到仁德的途径没有比这更近便的了。可见，孟子认为反省的内容还应有"忠"和"恕"。

而荀子则曰："见善，修然必自存也；见不善，愀然必以自省也；善在身，介然必以自好也；不善在身，菑然必以自恶也。"荀子则认为，自省、修身应以善为主。

由于时代的变迁，作为今人，我们在自省的内容上或许与古人稍有不同。但不管怎样，善于自省、勇于自省的精神与习惯是一样的。"吾日三省吾身"古人尚且如此，更何况我们今人呢？

人贵有自知之明

俗话说：没有哪一个认识到自己天赋的人会成为一个无用之辈，也没有哪一个出色的人在错误地判断自己的天赋时能够逃脱平庸的命运。

这也就是说，一个人要能够真正立足于社会，就必须要拥有全方位的自知之明。

然而，任何人天生都是没有自知之明的，特别是在年轻的时候。然而，有些人一辈子都没有发现自己，既不知道自己所短，也不晓得自己所长。只要你认真观察，这样的人在生活里比比皆是。

在动物界，鹰凭着尖利的双爪和带钩的嘴，加之凶悍猛烈的冲击力向羊俯冲过来之时，羊在如此强劲的对手下，只有束手就擒。可是，对于在一旁观望的乌鸦，情况就大不相同了。乌鸦没有鹰尖利的双爪，没有鹰带勾的嘴，更没有鹰凶悍猛烈的冲击力，所以，在羊的心目中，这并不可怕。当乌鸦扑向羊时，首先，羊不会惊慌，甚至会嘲笑它："你一只平庸的黑鸟，岂敢在俺的头上动土？真是癞蛤蟆想吃天鹅肉。"此刻的羊，面对突袭而来的乌鸦，只需采用不理睬的对策，就能对利令智昏的乌鸦达到以守为攻的效果。结果，乌鸦突袭羊的目的不仅没有得逞，反而成为牧羊人的猎物。

乌鸦之所以在袭击羊的行动中失败，是因为它没有自知之明。乌鸦只看到了鹰猎取羊的成功，却看不到鹰独有的长处和优势。当然，它更发现不了自己的短处和劣势。本来，乌鸦不具备捕猎羊的条件，而又要去做这种力不从心的捕猎，结果只能是失败。

生活中，导致失败的原因往往是当事者没有自知之明，既没有发现客观世界的奥秘，也没有发现主观世界的长短。归根结底，还是他们不了解自己，但是他们并不知道这一点。

孔子问子贡："你和颜回哪一个强？"子贡答道："我怎么敢和颜回相比？他能够以一知十；我听到一件事，只能知道两件事。"

子贡的自知是明智的，子贡的从容更是胸怀博大。他虽不及颜回闻一知十，但却以其独特的人格魅力传之千古。

战国时期，齐威王的相国邹忌长得相貌堂堂，身高8尺，体格魁梧，十分英俊。与邹忌同住一城的徐公也长得一表人才，是齐国有名的美男子。一天早晨，邹忌起床后，穿好衣服、戴好帽子，信步走到镜子前仔细端详全身的装束和自己的模样。他觉得自己长得的确与众不同、高人一等，于是随口问妻子说："你看，我跟城北的徐公比起来，谁更英俊？"

他的妻子走上前去，一边帮他整理衣襟，一边回答说："您长得多英俊啊，那徐先生怎么能跟您比呢？"

邹忌心里不大相信，因为住在城北的徐公是大家公认的美男子，自己恐怕还比不上他，所以他又问他的妾，说："我和城北徐公相比，谁英俊些呢？"

他的妾连忙说："大人您比徐先生英俊多了，他哪能和大人相比呢？"

第二天，有位客人来访，邹忌陪他坐着聊天，想起昨天的事，就顺便又问客人说："您看我和城北徐公相比，谁英俊？"客人毫不犹豫地说："徐先生比不上您，您比他英俊多了。"

邹忌如此作了三次调查，大家一致都认为他比徐公英俊。可是邹忌是个有头脑的人，并没有就此沾沾自喜，认为自己真的比徐公英俊。

恰巧过了一天，城北徐公到邹忌家登门拜访。邹忌第一眼就被徐公那气宇轩昂、光彩照人的形象征住了。两人交谈的时候，邹忌不住地打量着徐公。他自觉自己长得不如徐公。为了证实这一结论，他偷偷从镜子里面看看自己，再调过头来瞧瞧徐公，结果更觉得自己长得比徐公差。

晚上，邹忌躺在床上，反复地思考着这件事。既然自己长得不如徐公，为什么妻、妾和那个客人却都说自己比徐公英俊呢？想到最后，他总算找到了问题的结论。邹忌自言自语地说："原来这些人都是在恭维我啊！妻子说我美，是因为偏爱我；妾说我美，是因为害怕我；客人说我美，是因为有求于我。看起来，我是受了身边人的恭维赞扬而认不清真正的自我了。"

这则故事告诉我们，人在一片赞扬声里一定要保持清醒的头脑，特别是居于领导地位的人，更要有自知之明，才能不至于迷失方向。

人贵有自知之明。可怕的自我陶醉比公开的挑战更危险。自以为是者不足，自以为明者不明。自明，然后能明人。流星一旦在灿烂的星空中炫耀自己的光亮时，也就结束了自己的一切。自高必危，自满必溢。胜时自己就认为完美无缺，成就大就居功自傲，名声高即目中无人。在这方面古人有经典论述，"三人行，必有我师焉"，"知人者智，自知者明"。

要真正了解自我，就必须换一个角度看自己。首先，要"察己"。客观的审视自己，跳出自我，观照自身，如同照镜子，不但看正面，也要看反面；不但要看到自身的亮点，更要觉察自身的瑕疵。包括对自己的学识能力、人格品质等进行自我评判，切忌孤芳自赏、妄自尊大。其次，要不断完善自我，有则改之，无则加勉。须知道天外有天，人外有人，尺有所短，寸有所长。

　　只有真正了解自己的长处和短处，避己所短，扬己所长，才能对自己的人生坐标进行准确定位。当你认识到自己的不足之时，也就是进步的开始。

吃一堑，长一智

"吃一堑，长一智。"出自明代王阳明《与薛尚谦书》："经一蹶者长一智，今日之失，未必不为后日之得。"意为：吃一次亏，长一分智慧。指受了挫败，记取教训，以后就变得聪明起来。

有人认为"吃一堑"与"长一智"之间存在必然性，其实未必。不是说吃一堑就一定能长一智，而是吃一堑有可能长一智。这种可能性要转变为必然性，就要有一个条件，那就是要从失误中总结教训，积累经验，这样才能长智。如果错后不思量，那么同样的错误还会不断重复出现。

从前，有个农夫牵了一只山羊，骑着一头驴进城去赶集。

有三个骗子知道了，想去骗他。

第一个骗子趁农夫骑在驴背上打瞌睡之际，把山羊脖子上的铃铛解下来系在驴尾巴上，把山羊牵走了。

不久，农夫偶一回头，发现山羊不见了，忙着寻找。这时第二个骗子走过来，热心地问他找什么。

农夫说山羊被人偷走了，问他看见没有。骗子随便一指，说看见一个人牵着一只山羊从林子中刚走过去，准是那个人，快去追吧！

农夫急着去追山羊，把驴子交给这位"好心人"看管。等他两手空空地回来时，驴子与"好心人"自然都没了踪影。

农夫伤心极了，一边走一边哭。当他来到一个水池边时，却发现一个人也坐在水池边，哭得比他还伤心。农夫挺奇怪：还有比我更倒霉的人吗？就问那个人哭什么，那人告诉农夫，他带着两袋金币去城里买东西，在水边歇歇脚、洗把脸，却不小心把袋子掉水里了。农夫说，那你赶快下去捞呀！那人说自己不会游泳，如果农夫给他捞上来，愿意送给他20个金币。

农夫一听喜出望外，心想：这下子可好了，羊和驴子虽然丢了，可将到手20个金币，损失全补回来还有富余啊！他连忙脱光衣服跳下水捞起来。当他空着手从水里爬上来时，干粮也不见了，仅剩下的一点钱还在衣服口袋里装着呢！

这个故事告诉我们，农夫没出事时麻痹大意，出现意外后惊慌失措而造成损失，造成损失后又急于弥补因此又酿成大错，三个骗子正是抓住人的性格弱点，轻而易举地全部得手。

事实上，我们看到很多人一直如农夫般原地"摔倒"，而且很多时候是以同一种方式。这种人并非傻子、弱智，而是太过固执和自信。在他们的眼里，从来就不认为自己之所以"摔倒"是因为这里面出了什么问题：要么这条"路"本身就走不通，要么就是自己走的技术、姿势不正确！而是觉得没有什么过不了的"坎"，还是照样的坚持原来的走法，而这又怎么不让他摔得鼻青脸肿呢？

要吃一堑，长一智，就必须在吃一堑之后，好好地进行一番的反思，并且在反思中，认真的吸取经验教训，绝不能再重蹈覆辙。事实也正如此，只有在认真吸取教训后才能够保证今后不再犯同样的错误，不再以同样的方式"摔倒"。特别是对于那些在迷途中深陷的人来说，更应该好好地反省：自己为何老是在原地"摔倒"而无法走出迷途呢？

当然，我们也不必因为吃了一堑之后，就丧失了继续前行的勇气，从此坐以待毙。只要你敢于面对失败，敢于从失败中去反思，去寻找教训，并且修正自己的思想，丰富自己的经验，我们又何愁无法走出生命的低谷呢？

勇于承认错误

有一则寓言，说河里有一条河豚，游到一座桥下，撞到桥柱上。河豚不责怪自己不小心，也不打算绕过桥柱游过去，反而生起气来，恼怒桥柱撞了它。它气得张开两鳃，胀起肚子，漂浮在水面，很长时间一动不动。后来，一只老鹰发现了它，急速飞到河面一把抓起了河豚。转眼间，这条河豚就成了老鹰的美餐。

河豚是自己不小心撞上了桥柱子，却不知道反省自己，不去改正自己的错误，反而恼怒别人，一错再错，结果丢了自己的性命，实在是自寻死路。"人非圣贤，孰能无过；知过能改，善莫大焉。"这也就是说，勇于认错，此乃智者之举；不肯认错者，终将失去进德的机会，殊为可惜。

人的一生不可能永不犯错，有时候错误只是自己的一时疏忽所造成，并不构成太大的得失；但如果不认错，则可能会犯下"戒禁取见"，后果可就不可收拾。所以，一个人的际遇安危、成败得失，往往和自己能否"认错"有着十分密切的关系。

战国时候，有七个大国，它们是齐、楚、燕、韩、赵、魏、秦，历史上称为"战国七雄"。这七国当中，又数秦国最强大。秦国常常欺侮赵国。有一次，赵王派一个大臣的手下人蔺相如到秦国去交涉。蔺相如见了秦王，凭着机智和勇敢，给赵国争得了不少面子。秦王见赵国有这样的人才，就不敢再小看赵国了。赵王看蔺相如这么能干。就先封他为大夫，后封为上卿。

赵王这么看重蔺相如，可气坏了赵国的大将军廉颇。他想："我为赵国拼命打仗，功劳难道不如蔺相如吗？蔺相如光凭一张嘴，有什么了不起的本领，地位倒比我还高？"他越想越不服气，怒气冲冲地说："我要是碰着蔺相如，要当面给他点儿难堪，看他能把我怎么样！"

廉颇的这些话传到了蔺相如耳朵里。蔺相如立刻吩咐自己手下的人，叫他们以后碰着廉颇手下的人，千万要让着点儿，不要和他们争吵。以后，他自己坐车出门，只要听说廉颇从前面来了，就叫马车夫把车子赶到小巷子里，等廉颇过去了再走。

廉颇手下的人，看见上卿这么让着自己的主人，更加得意忘形了，见了蔺相如手下的人，就嘲笑他们。蔺相如手下的人受不了这个气，就跟蔺相如说："您的地位比廉将军高，他骂您，您反而躲着他，让着他，他越发不把您放在眼里啦！这么下去，我们可受不了！"

蔺相如心平气和地问他们："廉将军跟秦王相比，哪一个厉害呢？"大伙儿说："那当然是秦王厉害。"蔺相如说："对呀！我见了秦王都不怕，难道还怕廉将军吗？要知道，秦国现在不敢来打赵国，就是因为国内文官武将一条心。我们两人好比是两只老虎，两只老虎要是打起架来，不免有一只要受伤，甚至死掉，这就给秦国造成了进攻赵国的好机会。你们想想，国家的事情要紧，还是私人的事儿要紧？"

蔺相如手下的人听了这一番话，非常感动，以后看见廉颇手下的人，都小心谨慎，总是让着他们。

蔺相如的这番话，后来传到了廉颇的耳朵里。廉颇惭愧极了。他脱掉一只袖子，露着肩膀，背了一根荆条，直奔蔺相如家。蔺相如连忙出来迎接廉颇。廉颇对着蔺相如跪了下来，双手捧着荆条，请蔺相如鞭打自己。蔺相如把荆条扔在地上，急忙用双手扶起廉颇，给他穿好衣服，拉着他的手请他坐下。

蔺相如和廉颇从此成了很要好的朋友。这两个人一文一武，同心协力为国家办事，秦国因此更不敢欺侮赵国了。这也就正是成语"负荆请罪"的出处。

可见，勇于承认自己的错误是一种大智慧。在生活中，一个人能坦诚地面对自己的错误，再拿出足够的勇气去承认它、面对它，不仅能弥补错误所带来的不良后果、提醒今后更加谨慎行事，而且别人也会痛快地原谅你的错误。

成功对我们来说十分珍贵，但有时错误同样珍贵。错误的珍贵，在于错误可以给我们许多经验，错误可以给我们许多教训，错误可以给我们许多有益的借鉴。这次的错误，可能成为下次走向成功的可贵指南。

不怕你犯错，怕的是不能从错误中吸取经验，那才是最大的错误。对每个人来说，只要能从错误中领悟到有益的经验，那么错误也同样珍贵。有些人认为错误有失自尊，面子上过不去，便害怕承担责任，害怕惩罚。与这些想象恰恰相反，勇于承认错误，你给人的印象不但不会受到损失，反而会使人尊敬你、信任你，你在别人心目中的形象反而会高大起来。

凡事三思而后行

这是一个发生在主人、狗和猫之间的故事。

很久很久以前，狗是勤快的动物。每天，当主人家中无人时，狗便竖起两只耳朵在主人家的周围。哪怕有一丁点的动静，狗也要狂吠着奔过去，兢兢业业地为主人做着看家护院的工作。

可是，每当主人家有人时，狗的精神便稍稍放松了，有时还会少睡一会儿。在每一个人的眼里，这只狗都是懒惰的，极不称职的，便不再奖励它好吃的。

猫是懒惰的。每当家中无人时，便伏地大睡，哪怕三五成群的耗子肆虐。睡好了，就到处散散步，活动活动身子骨，这儿瞅瞅那儿望望，像一名高傲、享受生活的新贵。主人在时，它表现得极殷勤、恪尽职守，还时不时还对主人舔舔脚、逗逗趣。在主人眼中，这无疑是一只极勤快、极可爱的猫，好吃的自然给了它。

而由于猫的"恪尽职守"，主人家的耗子越来越多。终于有一天，值钱的家当被咬坏了，主人震怒了。他召集家人说："你们看看。耗子都猖狂到了这种地步，我认为一个重要的原因就是那只狗也不帮猫捉几只耗子。我郑重宣布，将狗赶出家门，再养一只猫如何？"家人纷纷附和说，这只狗够懒的，每天只知道睡觉，看猫多勤快，抓耗子吃的多胖，都有些走不动了。是该将狗赶走，再养一只猫了。

于是，狗一步三回头地被赶出家门。自始至终，它也不愿意离开家门，它只看到，那只肥猫在它身后窃窃地、轻蔑地笑着。

而最终结局是：两只猫越来越肥，耗子越来越多。后来，家中被盗多次，主人开始怀念起被赶走的狗，却也无可奈何。

故事中的主人因为一时冲动，没有三思而后行，最终做出了错误的判断，以至事与愿违。

所以，凡是冲动型的人，一定要认识到自己的莽撞行事往往会带来更多更大的麻烦。著名作家王蒙说过："在任何处境下保持从容理性的风度。心存制约，遇事三思，留有余地。"

有专家指出：如果你为某件事情而生气了，先不要急着发火，忍耐3分钟，让自己静下来，如果3分钟后，你还觉得真的很可气，那你就发火吧。但是大多数情况，这个时候你的火气已经消失了，也许你依旧会对自己感觉不值，但至少没有那么冲动了，至少不会做出一些鲁莽的行动。

"三思而后行，谋定而后动"是古代先贤留下的不朽名言，也是克服冲动的最佳良药。三思而后行，"思"的是一些什么问题呢？

思考的是问题的根源和起因。问题发生后，就需要知道发生问题的根源是什么？导致问题的诱因是什么？只有当这些问题的正确答案都找到后，才能考虑解决的方法。

之所以要三思，是因为问题的发生是很多原因导致的，其背景是复杂的，单凭直觉很难得出正确结论，往往需要一段时间的分析归纳或者调查研究，才能理出头绪。而且也有被人制造假象、提供虚假线索的可能，一不小心就有误入歧途的危险。所以，思维必须要精细缜密。思考一遍还不够，还需要检查一遍，然后在行动之前还要复查一遍，确保行动万无一失。

三思之后，在解决问题的方案上，还要再考虑，这就是"谋定而后动"的道理。谋就是计划、方略，是解决问题的方针和策略。只有行动方针确定了，才能采取行动。这种行动方针是经过思考的，而不是那种本能冲动想到的。

俗话说"磨刀不误砍柴工"，把刀磨快，看起来耽误了工夫，但是在砍的时候由于刀口锋利，效率高，反而节省了体力与时间。这也就像出门开车，事先把地图看好了，顺着标志一路开去，就可以不绕弯路，节省时间。如果慌忙上路，看起来节省了看地图的时间，但是一旦走错了路，可能就会浪费比看地图长很多倍的时间。

当然，我们也应清楚，凡事三思而后行并不是要求人们过分理智，而是要求人们不要过分轻率。三思只是思考的度，而不是无度。

第七章

要练就练江湖最狠的武功

在江湖中，有一种非常厉害的功夫叫"吸星大法"。为什么吸星大法很厉害呢？因为凡练就此功者，能够吸收他人的内力为己所用。会吸星大法的人，即使与绝世高手对阵，也不会落败，因为他能在与对方过招时迅速吸收对方的内力以增强自己的功力。

江湖已远，用武力建功立业的时代不再。在后江湖时代，比拼的是智力。谁要是练就智力上的吸星大法，在后江湖时代就注定是一个厉害的英雄。

吸星大法谁不要

后江湖时代的吸星大法，说起来并不神秘，无非是学习与借鉴。贯彻鲁迅老爷子的"拿来主义"，一个善于终身学习的人，就像怀揣一块巨大无比的海绵，到处吸收营养以为我用。学历是有终点的，但学习却没有止境。特别是身处知识更新换代速度奇快的当今，你只要不学习。三五年后，知识、技术与经验就会完全跟不上时代。

唯有终身学习的人，才能拥有长远的竞争力。我们都读过王安石写的《伤仲永》。仲永可谓一个天才儿童，但伴随着长大逐渐平庸，最后"泯然众人矣"。原因何在？没有持续地学习。音乐家莫扎特也是一个天才儿童，但他终其一生都没有停止开发自己的能力，因此才有了他"伟大的音乐家"的成就。

相对于仲永与莫扎特而言，我们大多数人的天资没有任何优势。此外，我们身处的时代比他们身处的时代知识更新要快得多。因此，我们更要以孜孜不倦的精神来对待学习。

人生的过程就是要时时新鲜，唯有终身学习，才能"苟日新，又日新。"只要你还一息尚存，就不能停止学习。停止就意味着死亡，一种深层意义上的死亡。如果随时把自己当成新人来对待、学习，人不但不会变老，反而会变得更年轻、更有朝气。而平时所累积的学习与经验，正是我们在危急关头时最有力的武器。

"每个人都要练就吸星大法，练就面对挑战，面对不可知时的勇气和霸气。"

实现可持续性发展

近年来我们常常听到"可持续性发展"这个词，人们也逐渐认识到"可持续发展"的重要性。在我们的人生事业中，我们也应该要求自己做到"可持续性发展"。如何做到呢？

——终身学习。终身学习是一种信念，也是一种可贵的品质。它是自我完善的过程，也是我们在现代社会立于不败之地的秘诀。知无涯，学无境。永远不要停止你学习的脚步，让学习成就你的事业，也成就你的人生。

有一位曾在日本政界、商界都显赫的人物，叫系山英太郎。他在 30 岁就拥有了几十亿美元的资产；32 岁成为日本历史上最年轻的参议员。他的成功有什么秘诀吗？——终身学习。

系山英太郎一直信奉"终身学习"的信念，碰到不懂的事情总是拼命去寻求解答。通过推销外国汽车，他领悟到销售的技巧；通过研究金融知识，他懂得如何利用银行和股市让大量的金钱流入自己的腰包……即使后来年龄渐长，系山英太郎仍不甘心被时代淘汰。他开始学习电脑，不久就成立了自己的网络公司，发表他个人对时事问题的看法。即使已进老迈之年，系山英太郎依然勇于挑战新的事物，热心了解未知的领域。

正是凭借终身学习，系山英太郎让自己始终站在时代的潮头之上。所以，如果你想在自己的事业上平稳向前，实现可持续发展，千万记得要终身学习。

拉里·埃里森——全球第二大软件制造商甲骨文公司创始人、总裁兼 CEO，曾被《财富》杂志列为世界上第五富的人。

2004 年《福布斯》杂志全球富豪排行榜显示：他的个人净资产为 187 亿美元，排名第十二位。

甲骨文公司是世界上最大的数据库软件公司。当你从自动提款机上取钱，或者在航空公司预定航班，或者将家中电视连上 Internet 网，你就在和甲骨文公司打交道。

埃里森是典型的气势凌人的技术狂人，个性张扬。硅谷流传着这么一个笑话：上帝和拉里·埃里森有什么区别？——上帝不认为自己是拉里·埃里森。

通过二十多年的时间，埃里森把一个无名的软件公司发展成世界第二大软件制造商。是什么使他在信息时代笑傲江湖呢？

——学习，是持续不断地学习，使这个集众多非议于一身的"坏家伙"，始终走在信息时代的最前沿。

1944 年，埃里森出生在纽约的曼哈顿，由舅舅一家抚养，在芝加哥犹太区中下阶层长大。小时候的埃里森并没有表现出超于同龄人的天赋。在学校时，他成绩平平，非常孤独，喜欢独来独往，唯一感兴趣的就是计算机。

1962 年，埃里森高中毕业，他先后进入芝加哥大学、伊利诺斯大学和西北大学学习。虽然经历了 3 个大学，最终却没有得到任何大学文凭。

关于学位，埃里森认为："大学学位是有用的，我想每个人都应该去获得一个或者更多。但我在大学没有得到学位，我从来没有上过一堂计算机课，但我却成了程序员。我完全是从书本上自学编程的。"

知识的迅速增长和更新，使人不得不在学习上付出更多的努力。现在，人们在"终身教育"问题上达成了共识。"终身教育"思想已经成为当代世界的一个重要教育思潮。今天，在世界范围内都响起了"不学习就死亡"的口号。

埃里森曾经对前来应聘的大学毕业生说："你的文凭代表你受教育的程度，它的价值会体现在你的底薪上，但有效期只有3个月。要想在我这里干下去，就必须知道你该继续学些什么东西。如果不知道学些什么新东西，你的文凭在我这里就会失效。"

我们身边确有一些高学历的人，他们自我感觉已经掌握了改造世界的全部本领，认为出了校门就不用再学习了。其实，这样的认知是非常危险的。时代飞速发展，环境急剧变化，没有一劳永逸的成功，只有不断学习，终身学习，你才不会被抛出时代的列车。

终身学习是既简单又困难的事情。说它简单是因为学习不是一件必须正襟危坐的事，它就实实在在地存在于我们日常生活的每一天。它的内容无限广泛，它的方式也是因人而异。一个故事，一次经历，一番谈话……都可以让你收获良多。生活中处处都值得你学习，你不要让一个个学习的机会与你擦肩而过。用心观察思考，勤于动手动脑，随时随地学习才是正事！说它困难是因为我们或者因自满而中途放弃，或者把它当成一种苦差而不愿做。

不管你是什么学历什么来历，要想事业可持续性发展，就要做到随时随地学习。活到老，学到老——古圣贤的教诲不能忘记。我们不能那么轻易地满足，要勇于给自己提出新的、更高的要求。我们也不能把学习完全当成一件苦差，你应当看到学习是辛苦和快乐的综合体。我们要善于学习、乐于学习，在学习的过程中体会收获知识的欢欣。

学习是一种能力

学习的内容纷繁复杂，然而最根本最重要的只有一项——学会学习。学会了学习，一切都会招之即来。可以毫不夸张地说：学习能力是"元能力"，是一切能力之母；学习成功是"元成功"，是一切成功之母。

然而，现实中的许多事例表明，这两种说法并不总是能成立。只有那些从失败中吸取教训的人，才能使失败成为成功之母；同样，只有那些从成功中学习到成功的经验的人，才能使成功成为成功之母。所以，无论失败成为成功之母，还是成功成为成功之母，要想实现哪一方面，都必须以学习为基础。因此，归根结底，应该说"学习是成功之母"。只有学习能力才是真正的成功之母、永恒的成功之母。如果不具备学习能力，那么失败可以成为失败之母，成功也可以成为失败之母。

一家著名企业在校招时，提出的要求是英语能力和计算机能力要出众，许多人不解。招聘人员解释说："英语和计算机能力出众，意味着你具备学习能力，我们就可以培训你专业技能。"

现在许多大企业在招聘新人时不再问："你会什么？""你学过什么？"，而是问"你在学什么？""你想学什么？"这就是一个变革的信号：学习比知识更重要。

在生存竞争日趋激烈、知识更新不断加快、科技发展日新月异的今天，对新知识的学习就显得更加重要。一个人要想有所成就，要想生活得幸福美好，哪怕是不饥不寒地度过一生，都要付出巨大的努力，这就是活到老，学到老。

有人说"失败是一笔财富"，为什么呢？因为在失败后，我们可以通过反思来增加自己的智慧。所以，能从自己的失败中吸取教训的人才是聪明人。不过，有更聪明的人，他们能够从别人的失败中总结经验、吸取教训。他们连失败的"学费"也免了，多么划算！

曾有一位著名的将军说过："两军对阵，谁犯的错误少，谁就有更大可能取胜。"创业也是这样的道理，少犯别人犯过的错误，就增加了自身成功的概率。别人的失败中有可学习的地方，别人的成功中也有可学习的地方。

1987 年 7 月，苏艳霞以 4 分之差被挡在梦寐以求的大学校门外。然而她没有沉沦，她告诉自己："不能在痛苦中活着，要坚强一些，要从痛苦中站起来！"

一个偶然的机会，苏艳霞的目光被一则五六百字的报道所吸引——密山市农民田玉雷靠种葡萄发家致富，年收入达六七万元，并带动整个乡发展。这个被多少人一视而过的报道，却在她的大脑中闪起亮光。她立刻联想到自己所处的环境。她心里有了一个目标：把自己家的前后园子利用起来种葡萄，如果赚钱了，将来上大学也可以自己负担学费。

当她将自己的想法告诉父母，却遭到了父母的反对。于是她就带上仅有的 168 元钱，踏上了去往密山的路。在密山她获得了葡萄栽培技术，并买回了 40 棵葡萄苗。当她将葡萄苗栽下后，引来了许多看热闹的人，镇林业局的站长也来了，他们都说如果她栽培成功，明年他们也种。这些话让她灵机一动，萌生了培育葡萄苗的想法。她立刻赶往东北林业大学开始学习培育葡萄苗的技术。第二年她卖葡萄苗赚了 6000 元钱，她兴奋不已。

1989 年春，在她和镇妇联的协调下，镇政府将原来砖厂取土的 80 亩坑坑注注、土壤严重板结、还堆满砖头瓦块的废弃地批给了她。为了不延误栽植时间，她雇了几个工人。为了节省下一个雇工的开销，她每天都和民工一起摸爬滚打。就这样，80亩土地被一块一块地栽种上果树。她又在行间套种上了各种蔬菜，这一年，苏艳霞赚了2万多元。

经过两年的努力，苏艳霞在领略着成功的同时，也明白了，土地是最善良、最忠诚、最富足的。哪怕你给了它千疮百孔的破坏与蹂躏，一旦当你能够用心去爱护它，它依然会毫不吝啬地给你丰盈的回报。每一块土地本身都是丰厚的，生活在那里的人们之所以贫穷，并不是因为土地贫瘠，而是知识的贫瘠。

苏艳霞意识到："从庭院走向田野只迈动了走向富裕的一步，只有走园艺栽培和精细农业的路子，才可能拥有更大的发展。"为此，苏艳霞走进了东北农业大学、黑龙江省园艺研究所学习进修，并与北京良种工程研究所等8家科研单位建立了业务联系。通过学习，她不仅掌握了农业基础知识，还学会了苗木繁育、嫁接、栽培等系列技术。她要营造了一个平台，一个改变农民意识的平台。她要让农民们相信，土地里一样蕴藏着丰富的金子，你只要通过不断的学习，丰富自己的知识，你就会挖掘出土地里深埋的金子。

苏艳霞的成功，就在于她不甘平庸，不断学习，用知识提高能力，改变了自己的命运。

欧盟提出终身学习能力

根据网上信息，在 2006 年 5 月，欧盟委员会通过了一份公报，公报指出："当前的情况非常紧急，各成员国必须加快教育与培训改革的步伐，否则下一代的大部分人将被社会抛弃。"

欧盟委员会在题为《教育与培训的现代化：为欧洲的繁荣与社会融合》的公报中指出："尽管各成员国都采取了重大举措，但与欧洲为提高年轻人能力与资格所制定的标准相对照，进步则微乎其微。这给所有公民都带来了严重的后果。特别是那些处于不利地位的群体，以及全欧洲八千万低技能工人。同时，这也使整个欧洲的经济竞争力和创造工作机会的能力大受影响。"

欧盟委员会还就终身学习的"八大关键能力"通过了一份欧盟理事会及欧洲议会建议案。这"八大关键能力"是每一个欧洲人在知识社会与知识经济中获得成功的必要技能与态度。在此，笔者将其摘录如下：①母语沟通能力；②外语沟通能力；③数学、科学与技术的基本能力；④信息技术能力；⑤学会学习；⑥人际交往、跨文化交往能力以及公民素养；⑦实干精神；⑧文化表达。

这八大能力是相互交叉，相互关联和相互支持的。比如，读写、算术与信息技术能力是学习的必备技能，而学会学习又支持所有方面的学习活动。还有很多技能和素质是包容在整个框架之中的，它们包括批判性思维、创新能力、首创精神、解决问题的能力、风险评估、决策能力以及积极的情绪管理。这些素质处于基础地位，在所有八大关键能力中都发挥着作用，构成八大关键能力的横向组成部分。所有这些能力集中到一起将提高人们的就业能力，帮助人们实现个人抱负并积极参与社会活动。

在欧盟委员会对八大关键能力进行解释的时候，每个关键能力都由知识、技能与态度三部分组成。比如，母语沟通能力要求一个人掌握有关语言的基本词汇、语法以及功能等知识。包括对语言互动的主要类型、文学与非文学文本、各种语言类型的主要特征、语言的各种变化以及在不同场合下的使用等方面。在技能方面，每个人都应该具备在各种沟通场合进行口头或书面交流的技能，并根据场合的要求对自己的语言进行监控和调整。此外，还包括阅读和写作各种文体，查询和收集并加工信息，以及在不同的场合下有说服力地组织并表达自己观点的能力。在态度方面，对母语沟通能力所持的积极态度包括：乐于进行批判性和建设性的对话，欣赏语言沟通中的美感品质并有意追求语言中的美感，有兴趣与他人进行互动。

而外语沟通能力除了与母语沟通能力一致的知识外，还包括对相关国家的社会习俗与文化，以及语言多变性的了解。外语沟通能力的核心技能包括：理解口头信息的能力，发起、保持和结束对话的能力，以及阅读并理解适合个人需要文本的能力。此外还包括正确使用辅助工具的能力。相关的积极态度包括：对文化差异与多样性的理解，对于外语及跨文化交流的兴趣与好奇心。

养成每天学习的好习惯

这是大学期末考试的最后一天。在一幢楼的台阶上，一群工程系高年级的学生挤作一团，正在讨论几分钟后就要开始的考试。他们的脸上充满了自信，这是他们参加毕业典礼之前的最后一次测验了。

一些人谈论他们现在已经找到的工作，另一些人则谈论他们将会得到的工作。带着经过 4 年大学学习所获得的自信，他们感觉自己已经准备好，甚至能够征服整个世界。

这场即将到来的测验将会很快结束。教授说过："他们可以带任何他们想带的书或笔记，要求只有一个，就是他们不能在测验的时候交谈。"

他们兴高采烈地冲进教室。教授把试卷分发下去。当学生们注意到只有 5 道评论类型的考题时，脸上的笑容更加灿烂了。

3 个小时过去了，教授开始收试卷。学生们看起来不再自信了，他们的脸上挂满了沮丧。

教授注视着他面前这些焦急的面孔，面无表情地说道："完成了 5 道题目的请举手！"

没有一只手举起来。

"完成 4 道题的请举手！"

还是没有人举手。

"完成 3 道题的请举手！"

仍然没有人举手。

"2 道题的！"

学生们不安地在座位上扭来扭去。

"那么1道题呢?有没有人完成了1道题?"

整个教室仍然沉默。教授放下了试卷:"这正是我期望得到的结果,我只想要给你们留下一个深刻的印象:即使你们已经完成了4年的工程学学习,但关于这个学科仍然有很多的东西是你们还不知道的。这些你们不能回答的问题,是与每天的生活实践相联系的。"

然后他微笑着补充道:"你们都将通过这次测验,但是记住——即使你们现在是大学毕业生了,你们的教育也还只是刚刚开始。"

知识和才干的增长,不是一朝一夕的事,只有养成每天学习的习惯,才会有不菲的收获。

美国人埃利胡·布里特16岁那年,他的父亲就离开了人世。他不得不到本村的一个铁匠铺当学徒,每天他都得在炼炉边工作10到12个小时。但是,这个勤奋的小伙子却一边拉着风箱,一边在脑海里紧张地进行着复杂的算术运算。他经常到伍斯特的图书馆阅览那里丰富的藏书。在他当时所写的日记中,就有这样一些条目:

6月18日,星期一,头痛难忍,坚持看了40页的居维叶的《土壤论》、64页法语、11课时的冶金知识。

6月19日,星期二,看了60行的希伯来语、30行的丹麦语、10行的波希米亚语、9行的波兰语、15个星座的名字、10课时的冶金知识。

6月20日,星期三,看了25行的希伯来语、8行的叙利亚语、11课时的冶金知识。

终其一生,布里特精通了18门语言,掌握了32种方言。他被人尊称为"学识最为渊博的铁匠"并名垂史册。

抱朴子曾这样说："周公这样至高无上的圣人，每天仍坚持读书百篇；孔子这样的天才，读书读到'韦编三绝'；墨翟这样的大贤，出行时装载着成车的书；董仲舒名扬当世，仍闭门读书，三年不往圈子里望一眼；倪宽带经耕耘，一边种田，一边读书；路漫舒截蒲草抄书苦读；黄霸在狱中还从夏侯胜学习，宁越日夜勤读以求十五年完成他人三十年的学业……详读六经，研究百世，才知道没有知识是很可怜的。不学习而想求知，正如想求鱼而无网，心虽想而做不到。"

刘子又说："吴地产劲竹，没有箭头和羽毛成不了好箭；越土产利剑，但是没经过淬火和磨砺也是不行的；人性聪慧，但没有努力学习，必成不了大事。孔夫子临死之时，手里还拿着书，董仲舒弥留之际，口中还在不停诵读。他们这样的圣贤还这样好学不倦，何况常人？怎可松懈怠惰呢？"

悬梁刺股、凿壁偷光、燃薪夜读、粘壁读书、编蒲抄书、负薪苦读、隔篱听讲、织帘诵书、映雪读书、囊萤苦读、韦编三绝、手不释卷、发愤图强、闻鸡起舞……这些流芳百世的勤学苦读的典范和榜样，仍将激励后学，光照千古。

非常之人必有非常之志。无数成功者的事例表明：只有通过不断的学习和努力，才可以成为一个出众的人。学习是完成人生飞跃的翅膀。

爱因斯坦曾把自己比作一个大圆圈，把一个人拥有的知识比作一个小圆圈。大圆圈外沿接触的空白比小圆圈要多。因此，学问越多的人，越能察觉自己知识的不足。越是知道自己的不足，越是能努力学习。越是能努力学习的人，知识也就越丰富。

第八章
结交一些高质量的朋友

　　一个人是否强大，并非完全指其个人的能耐。一个人的能耐终究是有限的，倘若善于整合朋友资源，互通有无，共同进步，其能耐是以几何倍数增加的。有个好爸爸，那是命；娶到富家女，那是缘。这些都是人力所难控制的。唯有结交好朋友，才是我们所能把握的。

有没有"关系"大有关系

　　一个人有多大能耐，并非仅仅指他自身的能力，而是指所能调动的所有资源。我们经常会说某人门路多，其实就是人际关系。有什么样的人际关系，就有什么样的门路。人际关系顺畅的人，几乎没有办不成的事。美国有位成功学家，叫卡耐基，他在研究成功诀窍时得出一个结果："一个人的成功，有85%取决于该人的人际建构与经营的状况。"卡耐基喜欢用精确的数据来说话，卡耐基的85%的数据也许值得商榷，但人际关系对于人生的重要性是无疑的。

　　仿佛一条看不见的经脉，又仿佛一张透明的蜘蛛网，人际关系看不见却能感觉得到，摸不着却能量巨大。从一定意义上说，这个世界一切与成功有关的"好东西"，都是给人际关系顺畅的人准备的。高手们左右逢源，四通八达。对他们而言，没有趟不过的河、翻不过的山。自己解决不了的事，找亲戚帮忙；亲戚解决不了，可以找朋友帮忙；朋友帮不上忙，可以找领导帮忙。再不成，可以找朋友的领导的亲戚的邻居……他们的人际关系，更像一条巨大章鱼那变幻莫测的触须，幽幽地发出它的信号，从容穿过那些七折八拐的甬道，猎取它的猎物。

　　比尔·盖茨为什么成功？掌握了知识经济时代的脉搏与律动，在电脑科技上的天才与执着，这些是很重要的。但很多人容易忽略比尔·盖茨还是一个善用关系的高手。他在念大学时就开始兼职创业，第一个大单是与当时世界第一电脑强人——IBM签订的。这个20岁的毛头小伙子，凭什么与IBM搭上了线？因为他母亲曾经是 IBM 董事会的董事，他通过母亲认识了 IBM 的董事长，从而得到了直接与董事长推销的机会。没有这个良好的开端，估计盖茨的首富之路也更加艰难与曲折。

也许还有人会说，那比尔·盖茨还不是因为出身好？有个当曾任前董事的母亲？这话有一定道理，但他有个母亲来牵线，你也能有个朋友来搭桥。每个人都生活在盘根错节的人脉网络中，要想生活充满乐趣、事业一马平川，谁也离不开他人的帮助与扶持。美国著名杂志《人际》在 2002 年的创刊词中就有这么一段话："如果你不信，你可以回忆以往的一些经验，就会发现原本你以为是自己独立完成的事，事实上背后都有别人的帮助。因此，在社交场合，你应该尽量表露真正的自我与自己真正的才华，它们将会给你许多有用的建议。绝不可低估人脉的力量，否则将白白失去许多有利的帮助。"

如果你还没有认识到人际关系的重要性，我们再探讨一个问题：在你引以为憾的往事中，有多少失败了的事情只要有一个关键人物出手帮你，你就可以摆脱败局？一定很多吧？

所以，你是否强大，在一定程度上是人际关系强大与否的折射。明白了这一点，相信你就知道自己该怎么做了。

多跟成功人士打交道

结交朋友，拓展人际，带给你的绝对不仅仅是牵线搭桥或关键时候的出手相助那么简单直接。事实上，你的朋友还能决定你的眼光、品位、能力等内在的东西。朋友的影响力非常大，可以潜移默化地影响一个人的一生。身边朋友的言行，如滴水穿石般矢志不渝地影响着我的思路、眼光、做人的方式与做事的方法。

著名的人际关系学家罗伯特·T. 清崎曾经说过这样一句话，"你想要创造多少财富，就接近那些拥有多少财富的人。"这句话意义深刻，简单理解就是：只有去和成功人士交往，你才有可能获得成功。

也许你现在还处于事业发展的阶段，你可能觉得自己不够资格和那些已经获得成功的人说话，因此，你不自觉让自己远离了他们的圈子，如果你是这么做的话，那你就大错特错了。俗话说得好"物以类聚，人以群分"，如果你总是和那些比你差的人相处，那么你很难从他们身上获得力量和经验来让自己更好地走下去。

俗话说得好："成功一定有方法，失败一定有原因。"你如果能主动挤进成功人士的圈子，那么你不仅可以学到他们成功的方式方法，也可以借鉴他们的经验，找出你为何不成功的原因。比尔·盖茨连续十几年成为世界首富，你认为是运气好还是掌握了经营企业的方法？迈克尔·乔丹得过六次 NBA 总冠军，你认为是运气好还是掌握了打篮球的方法？为什么我们还没有成功，没有到达自己设定的理想境界，有一个原因就是我们非常缺乏方法。

有没有人天生就会经营企业？有没有人天生就会演讲？有没有人天生就会打篮球？没有成功者是天生的，所以说世界最成功的人都是靠学习而来的。

而这些人身上共有的特征是什么呢？为什么他们更容易获得成功呢？因为他们有人相助，而且帮助他们的都是有能力促其成功的人！

一个人想有所成就，就不能受困于自己的小圈子，要跳出来，并且勇于和比自己强的人结交。当自己和已经成功的人接触后，才会知道成功是一件多么美好的事情。就像同是河里的鲤鱼，但是知道跳龙门之后就能变成金龙的鲤鱼，就总能奋力拼搏地去跳跃，而那些不知道跳出龙门有什么好处的鲤鱼还天天在那嬉戏玩耍。它们虽然乐得清闲，但却永远都只是一条鱼，而那些敢于拼搏的鲤鱼却变成了能飞上天的金龙。做人也是这个道理，如果你不主动去结交那些成功人士，你永远都不会知道成功的好处，如果你只是一条道走到黑，你可能要很久才能走到路的终点。而如果能有贵人的帮助，你就可能会找到一条通向成功的捷径。

有些人只看到了富人的成功，他们以为那只是因为这些人运气好，而自己时运不济。这些人的想法太简单了，有个人有着与生俱来的好运气呢？你回想自己走过的路，难道真的没有过什么机遇出现吗？是没有出现还是你自己没有把握住呢？当我们面前出现许多选择的时候，我们是选择了勇往直前，还是选择了逃避呢？其实，想成为什么样的人都是自己说了算的，就算你达不到那个高度，你也可以让自己有那个深度。

一个人想要成功，机会是必不可少的，但是你要有抓住机会的能力；智慧也必不可少，但是你要有运用智慧的能力；"贵人"必不可少，但是你要有让"贵人"青睐的本事。我们结交成功人士，虽然并不一定要让他们帮助自己什么，也不一定依葫芦画瓢比着他们的成功之路再走一遍，但是他们的成功经验却是凭着我们自身的经历悟出来的。这些经验可以帮助我们更深刻地理解成功，也可以帮助我们更顺利地走向成功。

我们想要和成功人士交往，就要付出一定的精力，可能还要付出一定的财力。当然，选择权在自己手中，可以选择不去花这个时间，但是就得花更多的时间来做好自己的事。如果能寻求到一些好的经验或方法，就可以节省更多的时间来发展自我，然后以更快的速度走向成功。如果你渴望成功，就不要害怕和那些成功人士交往，不要以为他们都高不可攀。越身处高层的人物，越渴求与别人的交往，而你放弃了和成功人士交往的机会，也就相当于放弃成为成功人士的机会。

欧洲首席致富教练谢菲尔曾说过："要想成功，就要经常和那些已经成功的人打交道，少和一些不思进取的人在一起。尽管这些人为人都还不错，但是他们对你的成功毫无益处，只会让你也懈怠下来。"即便现在才开始创业，我们也要挤进成功人士的圈子里，不是去阿谀奉承，更不去讨残羹冷炙，而是去寻找能够开启命运之门的"金钥匙"，从而取得和他们一样的成就。

美国有句谚语说："和傻瓜生活，整天吃吃喝喝；和智者生活，时时勤于思考。"如果你想展翅高飞，那么请你多和雄鹰为伍，并成为其中的一员；如果你成天和小鸡混在一起，那么你就不大可能高飞。

努力结交卓越之士

在南北朝时，一个叫季雅的人被罢官后在名士吕僧珍家旁买了一处宅院。

僧珍询问他购买宅院的价钱是多少。

季雅回答说："一千一百万。"

僧珍听到这么昂贵的价钱，大吃一惊。

季雅说："我是用一百万买房宅，用一千万买邻居呀！"

百万买房，千万买邻的故事，讲的是结交卓越人士的道理。

人人都想结交卓越人士，因此，我们放眼所及的一些卓越人士，早已是庭前车马如织，想要结交他们，并非易事。在此，简要地介绍一些有助于你结交卓越人士的注意事项：

首先，要提前了解对方的有关材料。这方面的材料要尽力搜集，多多益善，力求全面详细。比如他的出生地、过去的生活经历、现在的地位状况、家庭成员、兴趣爱好、性格特点、处世风格、最主要的成就、最有影响力的作品（歌曲、著作……）、将来的发展潜力、他的影响力所及的范围。总之，凡是与他有关的材料，只要能搜集到的就尽力搜集。当然，也许你搜集到的有些材料是关于他的隐私的，那么就要特别慎重，不能轻易传播出去，更不能作为日后"要胁"他的把柄，只能作为你全面了解他的参考资料而已。

其次，是托人引荐。这是比较常用的办法，一般托那些与其交往密切的人作为中间人引荐，会起到事半功倍的效果。因为对朋友引荐来的人，自会刮目相看，郑重地对待你。找中间人需要

注意的是:你要让中间人尽可能地了解你,并获得中间人的充分
信任和欣赏,这样他才会积极地引荐。对一个不太了解的人,或
不太赏识的人,中间人是不会轻易引荐的。贸然引荐,令对方不
高兴,也等于减少了他自己在对方心目中的印象。美国人认为,
我们与世界上任何一个人的距离,只有六个人。也就是说,一个
平凡得不能再平凡的人,最多经过六个中间人就可以结识到
总统。

和卓越人士打交道,要怀平常心。缩手缩脚、拘谨不堪,只
会增加对方对你的忽略甚至轻视。你的举止言谈,要落落大方,
收放自如,尊敬但不必过分崇拜,不要把自己放在一个过低的位
置。特别要注意的是:不要给对方以谄媚、讨好的感觉。你肯定
怀有敬佩之情,真诚地表达你的钦佩,适当地赞美也无不可,但
一定要让他感觉你的称赞发自内心,发自肺腑。因为他们听惯了
吹捧,俗套的吹捧难以引起他的兴趣。总之,在人格上,大家都
是平等的。

最后,我们还需强调的是:我们结交卓越之士的目的,主要
是为了学习他们的为人处事方法,而非为了满足自己的虚荣,也
非处心积虑要待他日利用他们。就像去拜佛一样,是为了学习佛
的德行与智慧,而非求佛赐你钱财、保你健康长寿。可惜当今绝
大多数所谓的“善男信女”并未参透这一玄机。

落难英雄是个宝

对于普通人来说，结交卓越人士的难度有二：一是侯门深似海，贵人难见到，二是即使见到也难有深交。其中的原因，相信不用笔者多解释了。因此，对于普通人来说，结识落难的贵人，不妨为一个比较现实又可取的途径。

人生总是有很多起起落落，世态炎凉，人生冷暖，尽在起落之间。一个显赫的人在走下坡路时，不少趋炎附势者会弃他而去，这种灰色的故事在我们身边从来就不鲜见。所以，有人说："要辨别谁是你真正的朋友，不要看你辉煌时有谁在替你唱赞歌，要看你潦倒时有谁安慰与鼓励你。"在贵人从云端跌落深潭时，是你结识他的最佳时机。

虎落平阳被犬欺，龙游浅滩遭虾戏。昔日的辉煌，今朝的惨淡，若非个中之人，实在难以体会其中的痛楚。这个时候，是英雄感情最为脆弱的时候，你若能及时伸出你的援手，英雄或许会铭记一生。潦倒时别人给你的一碗粥，比你富贵时别人给你的一匹锦更让人感动与感恩。可惜世上趋炎附势的人多，大多热衷于锦上添花，无意于雪中送炭。这时，对方会用比往日多得多的时间与耐心，来和你好好交流，在交流中，你可以学到很多知识，他也能知晓你的为人与才能。倘若日后东山再起，你就是他的座上宾。便纵日后未能再腾达，他人生大起大落中的经验、教训若与我们分享，也是我们宝贵的财富。

结识身边的落难英雄，不应该停留在浅层次的交往上，要努力与其交心，并提供必要的精神乃至物质上的支持。如果对方一时情绪哀伤，则要适时好言安慰；如果对方一时精神萎靡，则要鼓励其振作；如果对方一时捉襟见肘，则要尽力相助。

某大型国企的技术员老张，"官运"一直低迷，在工厂里干了快二十年，还只是一个没有行政职务的科级技术员。五年前，因为企业高层的斗争，厂长老王被副厂长以及几个中层干部罗织罪名，被拉了下马，由原先的副厂长当厂长。老王则被贬到锅炉房看锅炉。王厂长落马之后，厂里人人都唯恐避之而不及，生怕沾染了他身上的"晦气"，令新的厂长记恨。

老张在老王下马后的一个周末，拾了一瓶廉价的二锅头到老王家拜访。老王平时家里人满为患，这次倒是清闲得很。两人一瓶酒，边喝边聊。老王遭此横祸，难免有些怨气，有些牢骚，也有些唏嘘。老张话不多，只是适时地安慰老王："白的说不黑，黑的说不白，善恶终会报。"还建议老王不如趁自己无官一身轻，正好可以多陪陪家里的老人与孩子。"你以前，为了工厂太投入了！"老张的话无疑让老王听了心里暖和。

在老王沦为"庶民"后，老张轻而易举地登堂入室并成为座上客。随着两人交往的频繁，老王不禁发觉眼前这个老张不仅心地好，还是一个人才。他有点惭愧自己当厂长时怎么就没有发现这个人才。其实，作为一个数千人的大厂，一个小小的技术员，作为厂长的老王是很难有机会去仔细了解其才能的。

五个月后，上级主管部门给了老王一个迟来的公正。老王官复原职，原来的副厂长等一批人因为财务问题而被刑事拘留。老王成了厂长之后，登门来祝贺的人络绎不绝，大都拎着贵重的礼物，老王一概没有收。他唯一收下的是老张的二锅头。很显然，老张的二锅头有着与众不同的分量。老张的才能，在今后会有一个更大的施展舞台。事实上，现在的老张，已经是主管生产的副厂长了。

其实英雄落难，壮士潦倒，都是常见的事。从现在起，多注意一下你周围的人，若有落难的英雄，千万不要错过了。

识英雄于微时

自古以来，英雄与美女之间演绎多少动人的故事。而美女慧眼识英雄，更是被人们传为佳话。唐初美人红拂女在芸芸众生中，辨识了默默无闻的李靖，并与之结为连理。李靖后来帮助李渊父子打天下，为唐王朝的建立与巩固立下了赫赫战功。唐朝建立后，李靖被封为卫国公，被皇家极为优待。

红拂女兰质蕙心，因战乱随父母从江南流落长安，迫于生计被卖入司空杨素府中成为歌妓，因喜手执红色拂尘，故称作红拂女。杨素是北朝和隋朝政坛上的一个通天人物，更是一个兴风作浪的高手。李靖是三原地方一位文武双全的青年，生得身材魁梧，仪表堂堂，饱读诗书，通晓天下治乱兴国之道，还练就一身好武艺，精于天文地理与兵法韬略，心怀大志却一直苦于英雄无用武之地。后来隋朝稳定下来，他决定从家乡投身长安，以图施展抱负，为国效命。

李靖到了长安，由于国政大权基本掌握在杨素手中，于是他找到杨素进行自我推荐。谁知杨素老迈昏庸，并不怎么欣赏他。倒是杨素身边的红拂女目睹李靖英爽、谈议风生、见解出众，心中大为倾慕。等李靖郁闷地离开杨素府第，红拂女连夜就找到李靖的客栈，投奔了他。这就是千百年来脍炙人口的"红拂夜奔"故事。

红拂女作为封建桎梏中的一介弱女子，用自己过人的眼光与魄力，为自己争得了爱情，并赢得了一个海阔天空的未来。这种慧眼识英雄的"投资"，好比现在炒股一样，要在茫茫的股市中，找到一支"潜力股"，绝对需要眼力。

汉高祖刘邦出身卑微，还是地痞流氓时，萧何便发觉他独特的气质，内心仁厚，慷慨好施，这是天生领袖人才所具有的。萧何当时手里有点权力，便处处照料刘邦。先是帮助刘邦当了亭长，后来刘邦因没把犯人押解到指定地方而造反时，萧何又提供一些军饷来接济他。而且，萧何后来还编造了许多有利于刘邦的神话，将平凡的刘邦宣传成一个顺应上天而当天子的人。同时，萧何又帮刘邦广揽天下英才。如弃暗投明的韩信，由误会到深得刘邦信赖重用，完全是萧何全力保举的，正是因为这样，刘邦才能轻易得到天下。

萧何之所以特别欣赏刘邦，除了他有着领袖的条件和胸襟外，还有其他的许多优点。如他有自主精神，不因娶了一千金小姐而投靠岳父；当他落难山林，也不扰乱平民，具有极强的耐力；在他不得志时，受尽兄嫂白眼而委曲求全；在得到萧何提醒后，追求上进，而且还能知人善任。

萧何看准了刘邦是个前途无量的人物，不惜一切帮助他。刘邦成功了，萧何也成就了自己的事业。当英雄处于危难中时，如果自己有能力，一定应给予适当的帮助，甚至施予物质上的救济。而物质上的救济，不要等他开口，应随时取得主动。有时对方很急着要，又不肯对你明言，或故意表示无此急需。你如得知情形，更应尽力帮忙，并且不能有丝毫得意的样子，一面使他感觉受之有愧，一面又使他有知己之感。寸金之遇，一饭之恩，可以使他终生铭记。日后如有所需，他必奋身图报。即使你无所需，他一朝否极泰来，也绝不会忘了你这个知己。或者乘机进以忠告，指出其所有的缺失，勉励其改过行善。相对于"由盛而衰"式的落难英雄，发现没有发迹过的英雄就更需要眼力了。所谓识英雄于微时，就是要在英雄还没有发迹时去欣赏他、帮助他。如果在他已成为英雄后去奉承他，那么他会因你的趋炎附势而忽略你、轻视你。

这种独具慧眼的投资，宛如冷庙烧高香。你一丁点儿的付出，菩萨就会记得。等到菩萨神通了，在无数善男信女的膜拜下，他也忘不了你曾经的那炷香。"雪中送炭"要比"锦上添花"珍贵万倍。这一点相信大家都深有体会。

敞开胸怀拥抱畏友

在你的朋友圈子里，有一类人很可能会被你所排斥——畏友。明代学者苏浚在他的《鸡鸣偶记》里曾把朋友分为四类："道义相砥，过失相规，畏友也；缓急可共，死生可托，密友也；甘言如饴，游戏征逐，昵友也；利而相攘，患则相倾，贼友也。"这个交友的标准虽然是根据当时社会情况提出来的，但对我们现在择友仍然不无裨益。生活里，那种见利就上、就争，见朋友遇到困难或不幸就忘义、就倾轧的"贼友"，当然是不可交；那种甜言蜜语不绝于耳、吃喝玩乐不绝于行的"昵友"，固然可以带来一时欢快，却难以做到贫贱相扶、患难与共，也没有必要去交。值得我们倾注热情，以心相交的是能够"缓急可共，死生可托"的"密友"，是能够"道义相砥，过失相规"的"畏友"。

"缓急可共，死生可托"的"密友"，可谓朋友的最高境界，这种关系犹如忠贞不渝的爱情般可遇不可求。而那种可以在道义、学业上互相砥砺，在缺点、错误上互相规劝的"畏友"，相对我们来说容易得到一些。在我们人生的路上，不乏这样的"畏友"——可惜的是很多时候被我们自己给拒绝了。"畏友"说话有点直，不怎么夸奖你，却喜欢指出你的不足，因此我们一般不愿意和其交。其实，"畏友"和"密友"一样，都是我们人生高质量的朋友。

唐代诗人张籍，可以说就是韩愈的畏友。韩愈才华横溢、才名四播，却不能耐心听取别人的意见，而且生活上不检点，喜欢赌博。张籍为此一再给韩愈写信，直言不讳地提出批评和忠告，终于促使韩愈认识了自己的缺点。韩愈在写给张籍的信中说:"当更思而悔之耳敢不承教"。

北宋时的苏轼和黄庭坚也是一对好友,两人以诗文闻名于当世,也常坐在一起讨论书法。有一次,苏轼说:"鲁直,你近来写的字虽愈来愈清劲,不过有的地方却显得太硬瘦了,几乎像树梢挂蛇啊。"说罢笑了起来。黄庭坚回答说:"师兄批评一矢中的,令人折服。不过,师兄写的字……"苏轼见黄庭坚犹豫,赶快说:"你干吗吞吞吐吐,怕我吃不消吗?"黄庭坚于是大胆言道:"师兄的字,铁画银钩,遒劲有力。然而有时写得有些褊浅,就像是石头压的蛤蟆。"话音刚落,两人笑得前俯后仰。正是这种互相磨砺的批评精神,使得他们的友谊之树枝青叶茂。

毫无疑问,如果你身边有几个畏友,能对于你的不足和过失进行指正、劝阻,无疑会让你更完善、更强大。

交结朋友的道行

朋友是一定要交的。但是，要怎样才能交更多更好的朋友呢？关键是看你做人的道行高深与否。道行深的人，桃李不言，下自成蹊；道行浅的人，终归难免庭前冷落车马稀。

用尊重赢得友谊

我们都很清楚自己想从朋友那里获得什么。可是你是否考虑过自己是个什么样的朋友？你是否体谅别人？你是否肯听别人的话？你是不是个好朋友？然而，更重要的是，你是不是尊重朋友？

在交往中，我们待人的态度往往取决于别人对我们的态度。所以，我们要获取他人的好感和尊重，首先必须尊重他人。与人相处时，要平等待人，不高人一等、故作姿态，不自以为是，不要在别人的背后评足品头、说三道四和指手画脚。始终保持友好平等的姿态与对方说话和办事，才不至于伤及他人的面子和自尊心，才有可能与别人保持友好关系，才有助于做好自己的工作和事业。

以和气换来和谐

"和为贵"，这是古今中外成功者最推崇的处世哲学。《菜根谭》里这样写道："天地之气，暖则生，寒则杀。故性气清冷者，受享亦凉薄。唯和气热心之人，其福必厚，其泽亦长。"

人在社会上或在工作中表现出的人与人的关系是一种相互依存的关系，我们不仅肩负着共同的事业，而且也有很多工作必须依靠大家合作协作才能完成。否则，互相拆台，暗中作梗，明处捣乱，要想把一件事情做好是不大可能的。而让周围的人都能齐心协力、团结合作，自然需要有和谐一致的气氛。倘若同事之间情感上互不相容，气氛上别扭紧张，就不可能团结一致地完成工作任务。

朋友之间也要拘小节

在日常生活中，说一个人不拘小节是体现这个人有豪爽的一面，说明他在一些小事上不太注意，这种人往往能够得到较多的朋友，给他人的感觉是容易相处，人缘好。然而，如果要是过于豪放，而不站在对方的角度去考虑问题，那么小节也会断送掉平时好不容易结成的友谊。特别是在与某些关系重大的朋友的交往过程中，恰恰更要拘小节。

在今天这个时代，人们越来越注重交友的质量和情趣，不拘小节的人将会逐渐失去朋友对自己的好感，而会使自己遭受到更大的损失。在处理朋友关系时不妨注意以下几点：

第一，不但要注意，更要注重小节。只有注意与注重相结合，才会有所行动，而行动中才能真正体现出"拘"的含义，"意之责于思，重之责于行"，两者的完美结合，循序渐进，才会有好的结果出现。

第二，不嫌其小。小节，中心就在于"小"字上，就是平时不为别人所关注的问题。正是这些小问题，会反映出许多东西来。以小见大，积少成多，只要你去做了，就会有闪光点，就必定会为别人所关注。"勿以善小而不为，勿以恶小而为之"，不正是说明了"小"的关键所在吗？

第三，不要歪曲"小"的含义。拘小节不等于斤斤计较，拘小节要拘到点子上、拘到刀刃上。朋友不会喜欢那种在一切事情上都要分清楚、一切事情上都要讲原则的人。

把握好友谊的"度"

朋友交往应该是"交往如水淡而不断"。交往过密，便有势利之嫌，"距离产生美"的道理同样适用于朋友之间的交往。而断了来往，时间便会无情地冲淡友情。特别是在生活节奏紧迫的今天，朋友之间很难有机会在一起聊天。朋友交往需要注意友情的维护，比如平时多打一些电话，相互问候一番，也会起到加深感情的作用。

君子之交淡如水，与《中庸》上的"君子之道，淡而不厌"是一个道理。君子的交友之道如淡淡的流水，长流不息、源远流长。今人将交友比作花香，说友谊就像花香，越淡就越持久，与古人有异曲同工之妙。

第九章
每天强大一点点

罗马不是一天建成的，强大也不是短时间里所能达成的。

每天强大一点点，听起来好像没有冲天的气魄，没有诱人的硕果，没有轰动的声势，可细细地琢磨一下：每天强大一点点，那简直又是在默默地创造一个意想不到的奇迹，在不动声色中酝酿一个真实感人的神话。

朱学勤先生说过一句话："宁可十年不将军，不可一日不拱卒。"想要水滴石穿的威力，就必须有连绵不断的毅力。一个人的努力，在看不见想不到的时候，在看不见想不到的地方，会生根发叶，开花结果。

坚韧不拔总会成功

成功是能量聚积到临界程度后自然爆发的成果，绝非一朝一夕之功。一个人眼界的拓展、学识的提高、能力的长进、良好习惯的形成，工作成绩的取得，都是一个持续努力逐步积累的过程，是"每天进步一点点"的总和。

美国杰出的鸟类学家奥杜邦在森林中刻苦工作了许多年。一次，在他度假回来时，发现自己精心创作的 200 多幅极具科学价值的鸟类绘画都被老鼠糟踏了。回忆起这段经历，他说："强烈的悲伤几乎穿透我的整个大脑，我接连几个星期都在发烧。"但过了一段时间后，他的身体和精神都得到了一定的恢复。他又重新拿起枪，拿起背包和笔，重新走进了森林深处。

无论一个人有多聪明，如果没有坚韧不拔的品质，他既不会从一个群体中脱颖而出，也不会取得任何成功。许多人本可以成为杰出的音乐家、艺术家、教师、律师或医生，但就是因为缺乏这种杰出的品质，最终一事无成。

在安徒生很小的时候，当鞋匠的父亲就过世了，留下他和母亲二人过着贫困的日子。

一天，他和一群小孩儿获邀到皇宫里去晋见王子，请求赏赐。他满怀希望地唱歌、朗诵剧本，希望他的表现能获得王子的赞赏。

等到表演完后，王子和蔼地问他："你有什么需要我帮助的吗？"

安徒生自信地说："我想写剧本，并在皇家剧院演出。"

王子把眼前这个有着小丑般的大鼻子和一双忧郁眼神的笨拙男孩儿从头到脚看了一遍，对他说："背诵剧本是一回事，写剧本又是另外一回事，我劝你还是去学一项有用的手艺吧！"

但是，怀抱梦想的安徒生回家后，并没有去学糊口的手艺，却打破了他的存钱罐，向妈妈道别，动身到哥本哈根去追寻他的梦想。他在哥本哈根流浪，敲过所有哥本哈根贵族家的门，并没有人理会他，但他从未想到要退却。他一直在写作史诗和爱情小说，却未能引起人们的注意，尽管他很伤心，却仍然以坚韧不拔的毅力坚持着写作。

1825 年。安徒生随意写的几篇童话故事，出乎意料地引起了儿童们的争相阅读，许多读者渴望他的新作品的发表，这一年，他 30 岁。

直至今日，《国王的新衣》《丑小鸭》等许多安徒生所写的童话故事，仍陪伴着世界上许多的儿童健康苗壮地成长着。

无论环境如何艰难困苦，我们都不要向困难低头，而要坚韧不拔地坚持下去。沙地虽然贫瘠干燥，绿色的仙人掌却还是挺直身躯，让自己开出了鲜艳的花儿。水滴石穿、绳锯木断，是坚韧不拔地坚持的结果。坚持，既是人类的精神品格，更是成就大事的诀窍。生活既不是苦难，也不是享乐，而是我们应当为之奋斗，并坚韧不拔地坚持到底。

可以说，坚韧不拔的斗志是所有成功者的共同特征，他们也许在其他方面有缺陷和弱点，但坚韧不拔的斗志是他们身上所不可或缺的。无论他的处境怎样，无论他怎样失望，无论任何苦难都不会使他颓丧，任何困难都不会打倒他，任何不幸和悲伤都不能摧毁他。过人的才华和聪明的天赋，都不如坚持不懈的努力更有助于造就一个成功者。

在生活中，最终能取得胜利的是那些坚持到底的人，而不是那些认为自己是天才的人。但是，很少能有人完全理解这一点："杰出的成就源于坚韧不拔的斗志和不懈的努力。"

一次面试时，只有中专文凭的王福和许多大学生一同去应聘。然而面试者却要求他等到所有人都面试后，才叫他进去。

王福没办法，抱着一线希望在大厅里等待着。快12点了，看样子还得等四个小时，许多人都饿得无精打采，但又都不愿意离开，怕错过面试的机会。

这可是个赚钱的机会，王福的脑海里闪过一丝兴奋，他赶忙跑到1公里之外唯一的一间快餐店，倾其身上所有的钱，以4元一盒的价格定做了60盒盒饭。回到大厅，不消一刻钟的时间，盒饭就全部卖完，王福净赚了180多元钱。

下午4点多，王福终于等到了面试的机会，被叫进了办公室。迎接他的是微笑的经理："小伙子，我已经决定破格录用你了。"

王福傻乎乎地问："可是，我没有大专文凭啊！"

"可你的精神感动了我。面对那么多应聘的大学生，你能从上午8点坚持到下午4点，说明你对自己充满信心。你中午卖盒饭，说明你挺有头脑。我们需要的就是你这种善于抓住市场的人才，而不是人手。好好干吧！"经理说。

一个人的成功需要很多因素，在你无法改变外力的时候，你该想想自己还能做点什么。首先，你还有很多机会，你应该充满自信，其次，既然我能做，我一定会做得最好。

坚韧不拔的斗志，既是一种力量，又是一种魅力，它能使别人更加信赖自己，每个人都会信任那些有魄力的人。实际上，当他决心做这件事情时，就已经成功了一半，因为人们都相信他会实现自己的目标。对于一个不畏艰难、一往无前、勇于承担责任的人，人们都知道无论怎样反对他或打击他，都是徒劳的。

坚忍不拔的人从不会停下来想想他到底能不能成功，他唯一要考虑的问题就是如何前进，如何走得更远，如何接近目标。无论途中有高山、有河流还是有沼泽，他都会去攀登、去穿越，而所有其他方面的考虑，都是为了实现这个终极的目标。

只要你拿出顽强的毅力，持之以恒，坚韧不拔地坚持到底，事业的成功将成为一种必然。

再试一次的奇迹

在西部淘金的热潮中,家住马里兰州的迈克和他叔叔一起到遥远的美国西部去淘金,他们手握鹤嘴镐和铁锹不停地挖掘,几个星期后,终于惊喜地发现了金灿灿的矿石。于是,他们悄悄地将矿井掩盖起来,回到家乡的威廉堡,筹集大笔的资金购买采矿设备。不久,他们的淘金事业便如火如荼地开始了。当采掘的首批矿石运往冶炼厂时,专家们断定,他们遇到的可能是美国西部罗拉地区藏量最大的金矿之一。迈克仅仅用了几车矿石,便很快将所有的投资全部收回。

让迈克万万没有料到的是,正当他们的希望在不断膨胀的时候,奇怪的事儿发生了:金矿的矿脉突然消失!尽管他们继续拼命地钻探,试图重新找到金矿石,但一切终归徒劳,好像上帝有意要和迈克开一个巨大的玩笑,让他的美梦成为泡影。万般无奈之际,他们不得不忍痛放弃了几乎要使他们成为新一代富豪的矿井。接着,他们将全套的机器设备卖给了当地一个收购废旧品的商人,带着满腹的遗憾回到了家乡威廉堡。

就在他们刚刚离开后的几天里,收废品的商人突发奇想,决计去那口废弃的矿井碰碰运气,为此,他还专门请来了一名采矿工程师。只做了一番简单的测算,工程师便指出,前一轮工程失败的原因,是由于业主不熟悉金矿的断层线。考察的结果表明,更大的矿脉距离迈克停止钻探的地方只有三英寸!

故事的结果是,迈克终其一生只是一名收入仅够养家的小农场主,而这位从事废品收购的小商人,终于成为西部的巨富。虽然付出了最大的努力，但迈克获取的却仅仅是罗拉地区最大金矿的一个小小支脉；收废品的商人虽然只花费了很小的代价，却通过一口废弃的矿井而成功地拥有了最大金矿的全部。这两种截然不同的命运背后，原本暗藏着一次完全相同的机遇。所不同的是，面对"失败"和"不可能"，迈克轻易放弃了，而收购废品的小商人却敢于再去尝试一次。

约翰逊于 1918 年出生在一个贫寒的家庭中。他曾在芝加哥大学和西北大学勤奋读书，由于他的刻苦钻研，最后获得了 16 个名誉学位。

约翰逊开始踏入商界是在芝加哥一个由黑人经营的《优异人寿保险公司》当杂役。现在，他已是这个公司集团的董事长，主管着好几个庞大的分公司。

1942 年，24 岁的约翰逊以抵押他母亲的家具得到的 500 美元贷款独自开办了一家出版公司。现在，这个出版公司已经成为美国的第二大黑人企业。1961 年，约翰逊开始经营书籍出版事业。到了 1973 年，他又扩展了业务，买下了芝加哥市的广播电台。

在谈到他的成功时，约翰逊谦逊而诚恳地说："我的母亲最初给了我很大的启发和鼓励，她相信并且常常对我说的是'也许你会勤奋地工作而一事无成。但是，如果你不去勤奋地工作，你就肯定不会有成就。所以，如果你想要成功的话，就得冒这个险！问题总是有办法解决的。要百折不挠、坚持不懈，要不断地去研究、去想办法'。"

他到芝加哥去上中学时，就开始为获得成功而奋斗了。"我没有朋友，没有钱，由于穿的是家里自制的衣服而被人讥笑。我说话有很重的南方口音，小朋友们常拿我的罗圈腿取笑我。所以，我不得不用一种办法在他们面前争口气，而且我只能采取这样一种办法——做一个成绩优异的学生。"

1943年，当美国的《黑人文摘》刚开始创刊时，前景并不被人们所看好。约翰逊为了扩大该杂志的发行量，积极地准备做一些宣传。他决定组织撰写一系列"假如我是黑人"的文章，请白人把自己放在黑人的地位上，严肃地看待这个种族问题。他想，如果能请罗斯福总统的夫人埃莉诺来写这样的一篇文章，是最好不过的了。于是，约翰逊便给她写了一封非常诚恳的信。

罗斯福夫人回信说，她太忙，没时间写。但是，约翰逊并没有因此而气馁，他又给她写了一封信，但她回信还是说她很忙。此后，每隔半个月，约翰逊就会准时给罗斯福夫人写去一封信，言辞也愈加恳切。

不久，罗斯福夫人便因公事来到了约翰逊所在的城市芝加哥，并准备逗留两日。得此消息后，约翰逊喜出望外，立即给总统夫人发了一份电报，恳请她在芝加哥逗留的这段时间里，给《黑人文摘》写一篇那样的文章。收到电报后，罗斯福夫人没有再拒绝。她觉得，无论自己多忙，她也不能再说"不"了。

罗斯福夫人的文章刊出后，在全国引起了轰动。结果，在一个月内，《黑人文摘》杂志的发行量由2万份增加到了15万份。后来，他又出版了一系列的黑人杂志，并开始经营书籍的出版、广播电台、妇女化妆品等事业，终于成为世界闻名的大富豪。

可以说，约翰逊的成功秘诀就是坚持不懈，他并不相信速战速决。"取得成功总得去努力，有时还要经过多次的失败。人们来到这里，看到我这里相当壮观的场面都说：'嘿！你真走运。'我就提醒他们，我花了30年漫长艰苦的时间，才做到这个地步。我是在那家保险公司的一个小房间里起步的，然后搬到了一所像储煤巷一样的小屋子里。我一件事接一件事地干，最后才到了现在的地步，而不是一开始就是这样。我觉得，每个人都应该像一个长跑运动员那样，不断向前，千万不要半途而废。"

其实，很多人并不了解，在取得成功之前的奋斗过程中，可能会遇到许多挫折，面临许多令人沮丧的挑战。但成功的人在受到挫折时，并没有灰心丧气，止步不前。相反，他们从挫折中吸取经验教训，坚毅地向前，并坚持下去，更加努力地朝着目标奋进。

所有的奋斗目标都是在一点一点、一步一步地坚持的过程中实现的。因为取得进步需要时间，成功的过程也是缓慢的，所以获得成功有时得花长年累月的时间。成功者都懂得这个道理，在为取得成功而奋斗的过程中，容许自己克服挫折与失败，一步一步地前进。他们知道想要即刻如愿以偿地取得成功是不现实的，正确的态度是持续不断地去实践、去努力。

可以说，成功从来就不是一条风和日丽的坦途，面对每一次的挫折与失败，我们应该始终怀有"再试一次"的勇气与信心。也许，再试一次，成功就会不期而至！

做偏执狂又如何

一个人为实现某个目标，焦虑到一定程度时，就会成为偏执狂。对此，英特尔公司总裁安迪·葛洛夫曾说："唯有偏执狂才能成功！"因为，在成功之前，在还看不到希望的时刻，绝大多数人都陆陆续续地放弃了，这就像是阿里巴巴创始人马云说的那样："今天很残酷，明天更残酷，后天很美好，但是绝大多数人死在明天晚上，见不着后天的太阳。"偏执狂却不一样，作为成功的少数派，他们能够始终坚持他们的目标，不管经历多少风雨险阻，直到"后天的太阳"升起，收获一个灿烂的黎明。

肯德基的创始人桑德斯上校在 65 岁时还身无分文，孑然一身，当他拿到生平第一张救济金支票时，金额只有 105 美元。但他没有抱怨，而是自问自己："到底我对人们能做出什么贡献呢？我有什么可以回馈的呢？"

随之，他便思量起自己的所有，试图找出可为之处。头一个浮上他心头的答案是："很好，我拥有一份人人都会喜欢的炸鸡秘方，不知道餐馆要不要？我这么做是否划算？"

随即他又想到："要是我不仅卖这份炸鸡秘方，同时还教他们怎样才能炸得好，这会怎么样呢？如果餐馆的生意因此而提升的话，那又该如何呢？如果上门的顾客增加，且指名要点用炸鸡，或许餐馆会让我从其中抽成也说不定。"

好点子固然人人都会有，但桑德斯上校就跟大多数人不一样，他不但会想，而且还知道怎样付诸行动。随之他便开始挨家挨户地敲门，把想法告诉每家餐馆："我有一份上好的炸鸡秘方，如果你能采用，相信生意一定能够提升，而我希望能从增加的营业额里抽成。"

很多人都当面嘲笑他："得了罢，老家伙，若是有这么好的秘方，你干嘛还穿着这么可笑的白色服装？"这些话是否让桑德斯上校打退堂鼓呢？丝毫没有，因为他还拥有天字第一号的成功秘诀，那就是执着，决不轻言放弃。

于是，他驾着自己那辆又旧又破的老爷车，足迹遍及美国每一个角落。困了就和衣睡在后座，醒来逢人便诉说他的炸鸡配方。他为人示范所炸的鸡肉，经常就是他果腹的餐点，往往匆匆便解决了一顿。

两年过去了，桑德斯上校近乎偏执的坚持终于为他换来了成功。在整整被拒绝了 1009 次之后，桑德斯上校听到了第一声"同意"，他的炸鸡配方终于被接受了。

或许偏执坚持的人，不一定都会有桑德斯上校最后那样好的结果，能够获得成功。但无论成功与否，有一点毋庸置疑，那就是：他们始终在不断争取、不断前进，向着目标切实努力着，也始终保持着继续坚持的勇气和永不妥协的执着。

一言以蔽之，偏执狂总是生活的强者。

屡败屡战才是真英雄

任何人，只要有了不屈服、屡败屡战的精神，就一定能够克服一切困难，从而到达成功的彼岸。

历史上，有很多屡败屡战的人，他们就正是凭借着这股"牛劲儿"，最后取得了杰出的成就。

一说起刘备，人们总是想到他成就了蜀汉的霸业，想到他三顾茅庐的惜才之举，想到桃园结义的袍泽之情。但事实上，刘备起自微末，贩卖草鞋出身，前期缺兵少将，与关羽张飞东奔西投，无容身之地。《三国志》中多次写到"先主败绩"，但也评价他"折而不挠"，特别是长坂坡一战，老婆丢了，孩子差点没了，一般人可能都不想活了，但刘备习惯吃败仗，他没有灰心丧气，而是派出诸葛亮赴东吴联吴抗曹。赤壁一战终于令他咸鱼翻身，奠定了三分天下的根基。可以这么说，48 岁之前，刘备上无片瓦、下无寸土，但他屡败屡战的英雄气概令他的对手都很敬佩，就连视天下如无物的一代枭雄曹操都说"天下英雄，惟使君与操耳!"

曾国藩在与太平天国的斗争中，曾经多次受挫，咸丰四年（1854 年）5 月兵败靖港时更是投水自裁。咸丰五年，石达开总攻湘军水营，烧毁湘军战船上百艘，曾国藩座船被俘，"公愤极，欲策马赴敌以死"。在写给皇帝的奏折中，他将"屡战屡败"改为"屡败屡战"，一字之差，立显人生境界，其中有一种不达目的不罢休的英雄气概，有一种"苟利国家生死以，岂因祸福避趋之"的铁肩道义，有一种誓清寰宇措民衽席的悲悯情怀。正因为他有这种屡败屡战的大无畏精神，最终领导湘军平定了洪杨之乱，成为万民景仰的"曾侯"，成为"中兴三名臣"之首。

一生屡败屡战、以为人民谋求自由幸福为己任的当数"国父"孙中山。孙中山1895年2月创立"兴中会"，10月8日广州起义失败，孙中山流亡海外。1900年9月在广东发动惠州三洲田起义失败后流亡日本。1907年5月第三次起义于潮州黄冈，历六日而败。第四次是1907年6月命邓子瑜起义于惠州七女湖，历十余日而败。1907年7月徐锡麟起义于安庆，失败殉难。同年7月，孙中山主持镇南关起义，再遭失败。据统计，自1894年到1911年之间发动革命起义事件共有29次之多，直到1911年10月10日武昌起义在危难中奋击成功，一举推翻了两千多年的封建帝制，成为中国民主革命的先行者。

无可置疑，刘备、曾国藩与孙中山的屡败屡战的精神是很值得我们学习的。从他们的身上，我们可以明白很多道理：逆境与机遇是并存的，失败与成功是并存的。一个人失败了并不要紧，关键是怎样对待。一个人失败了，要正确对待并能分析其客观原因，而不能沉溺在失败的痛苦中不能自拔，必须重新振作，抛掉所有的阴影，一心朝着目标努力向前。同时，机会总是留给有准备的人，总有留给那些"嗅觉灵敏"的人。不管我们遇到什么困难，不管我们现在的境况如何，我们都要善于捕捉机会，只有这样我们才可能会收获更多精彩和成功。即使失败了，也会收获经验。

雨后，一只蜘蛛艰难地向墙上那一张已经支离破碎的网爬去，由于墙壁潮湿光滑，蜘蛛爬到半墙上就滑了下来，它一次次地向上爬，一次次地又掉下来……

这时，一个人走了过来，他看到了爬上去又掉下来的那只蜘蛛，叹了一口气，自言自语："我的一生不正如这只蜘蛛吗？忙忙碌碌而无所得。"那人叹息着离去了。

于是,他日渐消沉。

不一会儿,又走过了一个人来,他看到了爬上去又掉下来的那只正在努力的蜘蛛,那人嘲笑着说道:"这只蜘蛛真愚蠢,为什么不从旁边干燥的地方绕一下爬上去?我以后可不能像它那样愚蠢。"

于是,这个人变得聪明起来。

不久,又过来一个人,那只蜘蛛依然顽强地向上爬呀爬,第三个人看着那只顽强拼搏的蜘蛛,立刻被蜘蛛屡败屡战的精神感动了,久久不忍离去。

于是,他变得坚强起来。

所以说,对于失败,不同的人有不同的理解,从而采取不同的行动。有的人屡战屡败,从此一蹶不振;有的人屡败屡战,绝不向命运屈服。我们应向这个故事中的第三个人致敬,他一定因坚强而强大起来。

把退路全部堵死

秦朝末年，各地人民纷纷举行起义，推立诸侯，反抗秦朝的暴虐统治。秦国为了镇压起义，便派了三十万人马包围了赵国的巨鹿。赵王连夜向楚怀王求救。楚怀王派宋义为上将军，项羽为次将，带领二十万人马去救赵国。谁知宋义听说秦军势力强大，走到半路就停了下来，不再前进。军中没有粮食，士兵用蔬菜和杂豆煮了当饭吃，他也不管，只顾自己举行宴会，大吃大喝。这一下可把项羽气炸了。他杀了宋义，自己当了"假上将军"，带着部队去救赵国。

项羽先派出一支部队，切断了秦军运粮的道路，他亲自率领主力过漳河，解救巨鹿。

楚军全部渡过漳河以后，项羽让士兵们饱饱地吃了一顿饭，每人再带三天干粮，然后传下命令：把渡河的舟凿穿沉入河里，把做饭用的釜砸个粉碎，把附近的房屋放把火统统烧毁。这就叫破釜沉舟。项羽用这办法来表示他有进无退、一定要夺取胜利的决心。

楚军士兵见主帅的决心这么大，就谁也不打算再活着回去。在项羽亲自指挥下，他们以一当十，以十当百，拼死地向秦军冲杀过去，经过连续九次冲锋，把秦军打得大败。秦军的几个主将，有的被杀，有的当了俘虏，有的投了降。这一仗不但解了巨鹿之围，而且把秦军打得再也振作不起来，过两年，秦朝就灭亡了。

打这以后，项羽当上了真正的上将军，其他许多支军队都归他统帅和指挥，他的威名传遍了天下。

　　一个人在追求成功的道路上，在社会残酷的竞争环境下，也必须有破釜沉舟的精神才会获得大的成功。大多数成功人士之所以成功，都由于他们能够一心向着他所努力的目标前进。为了达成目标，他们能舍弃一切与他成功之路不相关的事物，眼光只锁定他的目标。不给自己留退路，让自己没有回旋的余地，方能竭尽全力，锐意进取。就算遇到千万困难，也不会退缩，因为回头也没有退路了，不如不顾一切地前进，还能找到一线希望。有了一种拼命或豁出去的信念，才能彻底消除心中的恐惧、犹豫、胆怯。当一个人不给自己任何退路的时候，他就什么都不怕了，勇气、信心、热忱等从心底油然而生，到最后自然"置之死地而后生"。

　　古希腊著名演说家戴摩西尼年轻的时候为了提高自己的演说能力，躲在一个地下室练习口才。由于耐不住寂寞，他时不时就想出去溜达溜达，心总也静不下来，练习的效果很差。无奈之下，他横下心，挥动剪刀把自己的头发剪去一半，变成了一个怪模怪样的"阴阳头"。这样一来，因为头发羞于见人，他只得彻底打消了出去玩的念头，一心一意地练口才，演讲水平突飞猛进。正是凭着这种专心执着的精神，戴摩西尼最终成了世界闻名的大演说家。

　　1830 年，法国作家雨果同出版商签订合约，半年内交出一部作品，为了确保能把全部精力放在写作上，雨果把除了身上所穿毛衣以外的其他衣物全部锁在柜子里，把钥匙丢进了小湖。就这样，由于根本拿不到外出要穿的衣服，他彻底断了外出会友和游玩的念头，一头钻进小说里，除了吃饭与睡觉，从不离开书桌。结果作品提前两周脱稿。而这部仅用 5 个月时间就完成的作品，就是后来闻名于世的文学巨著《巴黎圣母院》。

　　一个人要想干好一件事情，成就一番事业，就必须心无旁骛、全神贯注地追逐既定的目标。在漫漫人生路上，当我们难于驾驭自己的惰性和欲望，不能专心致志地前行时，不妨斩断退路，逼着自己全力以赴地寻找出路，往往只有不留下退路，才更容易赢得出路，最终走向成功。

第十章

给灵魂撑把伞

　　没有哪个地方的天空是不下雨的。天要下雨，人是没有多大办法阻止的。只是我们要有一颗宠辱不惊的心，不能让雨滴淋湿了我们的灵魂，不能让雨水傻傻地影响着情绪，不能让我们在这种坏情绪的支配下做出一系列的蠢事，让糟糕扩大，让生活充满硝烟。

　　给灵魂撑一把伞，去远行。

学会享受孤独

一提到孤独，人们通常把它作为一个痛苦的字眼来感受。事实上，孤独在我们的人生中扮演着极为重要的角色。不能面对孤独的人，不能算是拥有了真正幸福人生的人，而每一个人不管理智上愿意与否，都有可能生活在一定的孤独之中。与孤独相约就是要认识它对我们人生的积极价值，学习面对孤独的方法，享受孤独带给我们的快乐。

美国学者 S. 阿瑞写了一本《创造的秘密》的书，在第十六章"对个人创造力培养"中，他把"孤独性"列为培养创造力的第一条件。他说："一个孤独者是不会经常地、直接地受到常规旧习的影响，被社会陈腐势力所征服的危险也要少一些。对他来说更有可能是去倾听内心的自我，去接近内在的根本源泉，与原发过程的某种显现建立联系。因此，孤独尽管能够使一个人烦恼寂寞，可是当这位孤独者与自己建立联系时便不会如此了。一个内在新世界展示出来——为了进行探索，为了提供新知识、新含义，为了产生意想不到的灵感……当然，不能把这种孤独混同于由别人强加的或由自身心理困境所造成的那种长期的、使人烦恼的孤独；也不应当把它在别人面前退缩、总是羞怯长久独居一处混为一谈。它应当仅仅是指能够定期在一段时间里保持着个人的单独生活状态。"阿瑞还强调："孤独性不仅应当推荐为创造力的准备条件，而且也应当作为创造过程中的一种状态。"也就是说，没有一个内心的安宁和自己独处的空间，我们个人的发展是没有办法进行的。孤独的价值就在于可以达到更高程度的专注力，使我们的思维进入一种最自由、最开放、最活跃的状态，从而，使我们能够更智慧地生存，更少遇见红灯。

但是，生活在现代社会，最大的困扰是我们缺乏单独存在的力量，丧失了孤独的能力。我们总是注意到在追求财富和物质生活舒适中，人与人之间冷漠的强化，却没有看到这种强化的冷漠正是因为我们失去了孤独的空间。大家都太一样了，所以，彼此失去了魅力，失去了交流的需要。所以帕斯卡说："人类所有的问题，都来自人无法单独静静坐在一间房内。"因此，我们必须给自己留出孤独的时间和空间，不是如果可能的话就去做，而是在安排一切事情时，首先安排自己的孤独时间，然后，再去分配剩余的时间。坚持这样做下去，不久我们就会发现，所有的其他事情不仅没有被耽搁，相反被处理得更及时、更有效。

孤独并非孤立。孤立是"两耳不闻窗外事"，孤独则是为了更好地听懂世界上的喧闹。也就是说，孤独是为了聆听自己直觉的心在说什么，是为了与自然对话，使我们的生命状态从人为的状态转到自然状态，从而，摆脱干扰，用灵性的眼睛看清生命中的那一路绿灯，更加自觉、积极、活跃地投入到社会生活中去，让世界因为我们的健康、朝气而变得更加充满活力、更加丰富多彩。因此，我们可以这样来描述我们的孤独时光：暂时地将自己从社会角色中摆脱出来，清空社会加在我们头脑中的一切观念和思维程序，割断一切对这个社会的物质依赖和需求，让自己的灵魂处在一种高度自由状态，然后，来审视我们正在经历着的一切社会生活，并且把这种状态下对生活可能性的选择与现世状态下的选择做比较，分析各自的原因，倾听自己内心的判断。这也就是像在欣赏一件雕塑作品，我们必须从各个不同的角度去观赏，从不同的距离之间看出不同的效果。这样，我们就不可能再局限在一个狭窄的心胸里，再为某一个点的利益斤斤计较。我们的视野将趋向全景式，我们生活的机会也就无限地成倍地增加，相应地，成功的概率也就大大提高。

孤独，使我们深刻而又强大。

失意是成长乐章中的音符

　　人生有时就像是一个赌局，没有人总是赢家，也没有人总是输家。这就像我们的生活中有风平浪静的时候，也有狂风暴雨的时候是一样的，但是有的人却无法积极地面对狂风暴雨，浪头刚打过来，还没反击就已经想着退缩了。这种人一旦经历失败，还没来得及反省，就已经崩溃了。但是没有谁的人生是没有挫折与困难的，我们只有经历了挫折与困难，才会变得越来越坚强，才能离成功越来越近。

　　失意是成长的过程中必不可少的音符，有了它，成长的乐章才会抑扬顿挫，才会更华美。但是大多数人只看到成功的一面，却看不到成功的前面横着的一条河。这种人看起来很乐观，但常常盲目行动。有的人只看到失败，却不知道成功离自己可能一步之遥，输不起的人是不会赢得最终的胜利的。

　　牛丽丽是一家销售公司销售一组的组长，她的手下有十个销售员。牛丽丽十分好强，十足的女强人个性。所以对她底下的员工都十分严厉，不过正因为如此，他们组的业绩比其他组的业绩好很多，每次业绩评估都是第一，这让牛丽丽十分满足。

　　7月的时候，经理看上半年的任务已经超额完成，便决定带着三个销售小组的员工去郊区旅游三天，放松一下大家紧绷的神经。到了目的地之后，经理为了活跃大家的气氛，决定就地办一个比赛。这个建议一说，得到了大家的一致响应，牛丽丽想赢的欲望也被勾起来了。经过商量，一共分了三个比赛，游泳、口才和唱歌。比赛结束，游泳比赛和唱歌比赛的第一名都在 A 组，第二名都在 B 组，而牛丽丽的小组则囊括了口才比赛的第一名和第二名。最后经理综合比较结果，第一名是 A 组，第二名是牛丽丽组，第三名是 B 组。

但是不甘屈居第二名的牛丽丽很不满，她觉得大家既然是销售，那么口才才是最重要的，唱歌和游泳只是业余的，所以比赛结果应以口才的结果为准，第一名应该是自己组的。尽管经理一再跟她强调这只是为了调节气氛，比赛的礼品也不差多少，让她不要再计较，但她仍旧过不了心里这关，不愿意输给其他组。最后，好好的旅行被她这么一搅和不欢而散了。

两天后，大家去公司上班，牛丽丽依旧愤愤不平，遇到同事就为自己打抱不平，虽然大家没说什么，但是也渐渐觉得她过火了，开始躲着她。最后就连她自己的组员也觉得她这样实在是难以理解，不愿意再听她的话了。月底，再次做业绩评估时，牛丽丽组依然是第一名，但是经理并没有像之前那样恭喜她，只是告诉她，她已经不再是组长了。

赢是每个人都在追求和渴望的，但是输赢乃人生常态，如果事事都想赢，未免就太过苛责了。就像故事中是牛丽丽一样，本来只是一场助兴的比赛，却因为她的输不起而变了味儿，最终不但失去了大家的信任，连组长的职位也丢了，真是得不偿失。

要想做人生的赢家，我们首先要学会的就是输得起，能用正确的心态面对生活中的挫折和失败。只有事事都往好处想，我们才会把挫折当作考验，才能迎难而上，增添生活的力量和勇气，然后战胜困难和挫折，赢得人生和事业的成功。

别跟自己较劲

人一旦跟自己较上了劲，就像身上长了牛皮癣，不但饱受痛苦，而且很难痊愈。

生活中充满了许多难以预料的事情，我们千万不可与自己较劲，否则，就会生活得很累。这一生我们可能会遇见很多的事情，有机遇也有挑战，但大多数的事情我们都不能够控制。我们不知道机会会在什么时候降临，我们也无法预知下一秒会发生什么事情，我们更无法控制生命的长度。但是我们却可以把握现在的时机，努力拼搏。虽然无法预知未来，我们却可以把握当下。无法预见生命的长度，却可以增加生命的厚度。只要我们对未来充满希望，把握好生命中的每一分每一秒，我们就可以生活得很幸福。

生活中的烦恼我们躲不开也避免不了，然而即使这样，我们也不可与自己较劲，否则，你只会充满失望和不满。当你每天处于焦虑和抱怨中的时候，你还能感觉到幸福吗？很多时候，我们之所以会失败，并不完全是因为你本身的能力不行，而是因为你对自己的期望太高，高得超出了自己的承受范围。我们要肯定自己，相信自己的天赋和具有做某种事情的能力，但是我们不能高估自己，强求自己去做一些力不能及的事情。只要尽心尽力做好眼前的事情，心中就会保存一份悠然自得，生活自然也就会变得幸福而快乐。

美洲黑熊体形硕大、凶猛异常，一掌下去能拍死一头成年野鹿，就连被誉为百兽之王的狮子、老虎见到它都要退让三分，轻易不敢得罪。生性强势的美洲黑熊有个最大的特点，就是爱较劲儿。聪明的科学家就是利用它这一特点，仅用一面镜子就能把它轻易降服。美洲黑熊视力较差，看稍远一点的东西就模糊不清。科学家把镜子放到美洲黑熊必经的地方，利用镜子的反光原理把美洲黑熊自己的影子投射到树上。美洲黑熊发现树上有东西，便不分青红皂白，气势汹汹地蹿上树去捕食。但它哪里知道，它的行为只不过是在跟自己较劲而已。在科学家一次次的戏弄中，美洲黑熊进攻，失败，再进攻，再失败，直到累得精疲力竭，趴在地上无法动弹。

生活中，我们大可不必和自己过不去。凡事看开一些，少计较一些，一切随缘，不为难自己，才能活得潇洒，才能得到自己想要的幸福。放下心中的包袱，别再和自己过不去，勇敢地伸出手去拿应该属于你的那份蛋糕。

保持自己的本色

保持自己的本色，因为本色就是最美。这世上没有绝对的美与丑，美与丑通常是可以相互转换的。有一点可以肯定，就是最美的往往都来自本色，来自自然。所以，不要在乎别人挑剔的眼光，保持自己的本色，你就是最美的。

伊笛丝·阿雷德太太从小就特别敏感而腼腆，她的身材一直很胖，而古板的母亲认为穿得漂亮是一件很愚蠢的事情。

她总是对伊笛丝说："宽衣好穿，窄衣易破。"她也总照这句话来要求伊笛丝的穿着。所以，自卑的伊笛丝从来不和其他的孩子一起做室外活动，甚至不上体育课。她非常害羞，觉得自己和其他人"不一样"，完全不讨人喜欢。

长大之后，伊笛丝嫁给一个比她大好几岁的男人，可是她并没有改变。

她丈夫一家人都很好，也充满了自信。伊笛丝尽最大的努力要像他们一样，可是她做不到。他们为了使伊笛丝开朗而做出很大的努力，但结果都只是令她退缩到她的壳里去。

伊笛丝越发变得紧张不安，她躲开了所有的朋友，甚至怕听到门铃响。伊笛丝知道自己是一个失败者，又怕她的丈夫会发现这一点，所以每次他们出现在公共场合的时候，她假装很开心，结果常常做得太过分。事后伊笛丝会为这个难过好几天。最后不开心到使她觉得再活下去也没有什么理由了，伊笛丝开始想自杀。

有一天，她的婆婆正在谈她怎么教养她的几个孩子，她说：

"不管事情怎么样,我总会要求他们保持本色。"

"保持本色!"就是这句话!在那一刹那间,伊笛丝才发现自己之所以那么苦恼,就是因为她一直在试着让自己适合于一个并不适合自己的模式。

伊笛丝后来回忆道:"在一夜之间我整个改变了。我开始保持本色。我试着研究我自己的个性,自己的优点,尽我所能去学色彩和服饰知识,尽量以适合我的方式去穿衣服。

我开始主动地去交朋友,甚至尝试参加了一个社团组织——起先是一个很小的社团,他们让我参加活动,我吓坏了。可是在社团中,我每发言一次,就增加了一点勇气。今天我所有的快乐,是我从来没有想到可以得到的。

在教养我自己的孩子的时候,我也总是把我从痛苦的经验中所学到的经验教训教给他们: '不管事情怎么样,总要保持本色。'"

想要从生活中感受到快乐,就要保持自己的本色。每个人都有自己独特的一面,将自己隐藏起来,一味生活在自闭中,就会慢慢地失去自我,变得越来越自卑。如果能够真实地将自己展示给别人,不但能够得到别人的友谊,而且还能感受到发自内心的快乐。

当柏林和盖许文初次见面的时候,柏林已经非常有名,而盖许文还是一个刚出道的年轻作曲家,一个礼拜只赚35美金。柏林很欣赏盖许文的能力,就问盖许文要不要做他的秘书,薪水大概是他当时收入的三倍。"你可以不接受这个工作"柏林忠告说:"假如你接受的话,你可能会变成一个二流的柏林,但假如你坚持继续保持你自己的本色,总有一天你会成为一个一流的盖许文。"

盖许文接受了这个忠告,最后他慢慢地成为他那一代美国最著名的作曲家之一。

卓别林在开始拍电影的时候，很多电影导演都坚持要卓别林去学当时特别有名的一个德国喜剧演员，但是卓别林拒绝了，直到创造出一套自己的表演方法之后，才开始成名。

鲍勃·霍帕也有相同的经历。他多年来一直在演歌舞片，结果毫无成绩，一直到他发展出自己说笑话的本事之后，才功成名就。威尔·罗吉斯在一个杂耍剧团里，不说话，只表演抛绳技术，持续了好多年，最后才发现他在讲幽默笑话上有特殊的天分，于是开始在耍绳表演的时候说笑话，并一举成名。

玛丽·玛格丽特·麦克布雷最初进入广播界的时候，想做一个喜剧演员，结果失败了。后来她发挥了她的本色，做一个从密苏里州来的、很平凡的乡下女孩子，最终成为纽约最受欢迎的广播明星。

金·奥特雷刚出道的时候，企图改掉他得克萨斯的乡音，做个城里的绅士，自称是纽约人，结果大家都在他背后笑话他。后来他开始弹五弦琴，唱他的西部歌曲，最终成为世界有名的西部歌星。

詹姆斯·高登·季尔基博士说："保持本色的问题，像历史一样的古老，也像人生一样的普遍。"不愿意保持本色，很可能是很多精神和心理问题的潜在原因。

归根结底，成就都与本人的实际潜能有关。你只能唱你自己的歌，你只能画你自己的画，你只能做一个由你的经验、你的环境和你的家庭所塑造的你。不论好坏，你都得自己创造自己的小天地；不论好坏，你都得在生命的交响乐中，演奏你自己的小乐章。我们一定要记住："不要去模仿别人，而要找到自己，保持自己的本色。"

在生活中，每个人都有自己的实际价值。我们不要去模仿别人，我们应该认识自己，保持本色。上帝既然创造出我们，就注定让我们每个人都与众不同。一位哲人说："能唱你自己的歌，你只能画你自己的画。不论好坏，你都得自己创造自己的花园；不论好坏，你都得在生命的交响乐中，演奏你自己的乐器。"

拿得起，也要放得下

做人需要拿得起放得下。拿得起在于不随波逐流，保持自我，放得下在于通达世故，使自己免遭不必要的伤害。拿得起是勇气，放得下是肚量；拿得起是可贵，放得下是超脱。鲜花掌声能等闲视之，挫折、灾难能坦然承受。"人生最大的敬佩是拿得起，生命最大的安慰是放得下。"当迷雾消故尘埃落定的那一刻，你会发现这一切原本只是自己放不下。

从前，有一只猴子很是精灵古怪，多少人想抓住它都失败了。最后，有一个猎人想了一个办法，他选了一种瘦口瓶，瓶子里放着猴子爱吃的花生米，并把瓶子放在猴子经常出没的地方。猴子发现了花生米，伸手进去抓。花生米虽然抓到了，但是握成拳头的猴手却拿不出来了。这个时候，猎人出现了，猴子连忙逃跑，然而套在手上的瓶子严重影响了猴子的逃跑速度。没跑多远，就被猎人抓住了。其实猴子只要松手，就可以摆脱瓶子逃走。但是猴子的习性却是只要抓紧东西便不会再松手，结果为了一把花生米而失去了自由。

做人不仅要拿得起，还要放得下。这句话说着很容易，在实践中，却很难。通常拿起容易，放下却很难。放下需要智慧，需要勇气。就算是遇到千斤重担压心头，也能够把心理上的重压卸掉，使之轻松自如。

放下不是无为而作，不是颓废厌世，放下其实是一门高深的学问。人生在世，忙忙碌碌，疲于奔波，我们常常被强烈的愿望所驱赶，不敢停步，不敢懈怠，也不敢轻言放弃。背上的包裹越来越多，越来越沉，而我们什么都不愿放弃。因而，当收获越来越多的时候，身心也越来越累。

人是感情动物，生活中，我们放不下的东西太多了。比如一段坏死的感情、比如因为说错话和做错事被上司或同事指责、比如做好事却被人误解。生活中总会碰到很多委屈，于是心有千千结，放不下。把什么事情都装在自己的心里，想这想那，愁这愁那，心事重重，愁肠百结。心理负担太重是会影响身体的健康的，放不下的东西太多，就会活得很累，结果把自己的生活搞得像一团乱麻。

"天下熙熙皆为利来，天下攘攘皆为利往。"让人留恋不舍的无非就是财、情、名这几个方面。想开了看淡了也就放下了。

有这样一个寓言故事:

一位老者带着一个年轻人打开了一个神秘的仓库。仓库里装了很多神奇的宝贝。而且，每件宝贝上面都刻着清晰可辨的字纹，分别是:骄傲、正直、快乐、爱情……

这些宝贝让年轻人觉得哪一样都是那么可爱，那么迷人。于是，他抓起来就往口袋里装。

可是，在回家的路上，他才发现，装满宝贝的口袋是那么的沉。没走多远，便觉得气喘吁吁，两腿发软，脚步再也无法挪动。

老人说:"孩子，还是丢掉一些宝贝吧，后面的路还长!"

年轻人恋恋不舍地在口袋里翻来翻去，不得不咬牙丢掉两件宝贝。但是，宝贝还是太多，口袋还是太沉。年轻人不得不一次又一次地停下来，一次又一次咬着牙丢掉一两件宝贝。"痛苦"丢掉了，"骄傲"丢掉了，"烦恼"丢掉了……口袋的重量虽然减轻了不少，但年轻人还是感到它很沉，很沉，双腿依然像灌了铅一样重。

"孩子"老人又一次劝道:"你再翻一翻口袋,看还可以丢掉些什么。"

年轻人终于把沉重的"名"和"利"也翻出来丢掉了,口袋里只剩下"谦虚""正直""快乐""爱情"……一下子,他感到说不出的轻松和快乐。

但是,他们走到离家只有一百米的地方,年轻人又一次感到了疲惫,前所未有的疲惫,他真的再也走不动了。

"孩子,你看还有什么可以丢掉的,现在离家只有一百米了。回到家,等恢复体力还可以回来取。"年轻人想了想,拿出"爱情"看了又看,恋恋不舍地放在了路边。

他终于走回了家。

可是他并没有想象中的那样高兴,他在想着那个让他恋恋不舍的"爱情"。老师过来对他说:"爱情虽然可以给你带来幸福和快乐。但是,它有时也会成为你的负担。等你恢复了体力还可以把它取回,对吗?"

第二天,他恢复了体力,于是循着昨天的路拿回了"爱情"。他高兴极了,忍不住欢呼雀跃,感到无比的幸福和快乐。这时,老人走过来抚摸着他的头,舒了一口气:"啊,我的孩子,你终于学会了放弃!"

人们常说:"拿得起放得下的是举重,拿得起放不下的叫做负重。"学会放弃,鲜花和掌声才会属于你。只有学会放下,你的人生才能变得轻松和愉快。

人生不如意事十之八九,生活很多时候会逼迫你不得不放弃一些你本不想放弃的东西。暂时的放弃并不代表着永远失去,有时候,只有放弃才会有另一种收获。要想采一束清新的山花,就得放弃城市的舒适;要想做一名登山健儿,就得放弃娇嫩白净的肤色;要想穿越沙漠,就得放弃咖啡和可乐;要想有永远的掌声，就得放弃眼前的虚荣；船舶放弃安全的港湾，才能在深海中收获满船鱼虾。

今天的放弃，是为了明天的得到。胸有大志的人是不会计较一时得失的。

人的能力有限，我们不可能把一生所得全部背在身上，即使铜皮铁骨，也会承受不了。昨天的辉煌过去了，不属于今天，更不能代表明天。我们只有毫不犹豫地放弃，才能轻装前行，看到更美的风景。

一次一次的放弃，会让我们越来越成熟，越来越淡定。学会放弃，放弃失恋带来的痛楚；放弃屈辱留下的仇恨；放弃心中所有难言的负荷；放弃浪费精力的争吵；放弃没完没了的解释；放弃对权力的角逐；放弃对金钱的贪欲；放弃对虚名的争夺……凡是次要的、枝节的、多余的，该放弃的都应放弃。

像向日葵一样生活

很多人喜欢向日葵，因为它总是把脸朝向太阳，仿佛生活没有黑暗。想到向日葵，我们首先想到的词语就是"灿烂"。其实，世界上有太多美好的事情，又何必对一些小小的不公平耿耿于怀呢？很多套子都是自己强加给自己的，有些人生活富足，却总是不知足，有些人一辈子平平凡凡，却总是很快乐。如果永远面向黑暗，生活就永远无法好起来。把脸朝向太阳，你才会发现生活充满阳光，不公平的阴影就会被甩在身后。

像向日葵一样生活，就能挣脱苦难的枷锁，把生活赋予的阴影永远留在身后；像向日葵一样生活，才能让脸一直朝着太阳，才能让阳光撒进心灵；像向日葵一样生活，才能让生活一直明亮、灿烂。

许多时候，信念的力量往往强大得让人咋舌。一个人，即使他一无所有，只要他心中充满了希望，他就可能拥有一切，而一个人即使拥有一切，却对对却对生活与未来不抱有任何希望，那就可能丧失它已经拥有的一切。所以，拥有一颗积极向上的心至关重要。

美国著名心理学家威廉·詹姆斯说："我们这一代人最重大的发现就是，人能通过改变心态从而改变自己的一生。"拥有一个好的心态就能助你赢得一个辉煌的人生。

每天清晨起床，打开窗，让清新的空气润泽我们的心灵，然后迎着朝阳出门，伴着熙熙攘攘的人群走向我们工作的岗位，迎接新一天的到来。

经得起诱惑

诱惑像一个鲜红美丽，令人垂涎三尺的毒苹果。可你吃下去，就是毒发身亡的悲惨结果；诱惑像那罐芬芳扑鼻、香气浓厚的蜂蜜。可你触到它，就会把你粘住，置入寸步难行的境地；诱惑像那双小巧玲珑、令人爱不释手的红舞鞋。可你穿上它，就会一直跳舞，落个一刻不停直至累死的疯狂结局。人活在世上，要经得起各种各样的诱惑。

这是一个机会泛滥、诱惑无限的时代，一个追求幸福的人面对"乱花渐欲迷人眼"的社会现实，必须耐得住寂寞，经得起诱惑，始终守住自己的操守，始终守住自己的底线，不能丧失了原则和立场，更不能让欲望无限制地膨胀。

人生是一场无休、无歇、无情的战斗，要想获得幸福，就得时时刻刻向无形的敌人作战。本能中那些致人死命的力量、乱人心意的欲望、使你堕落甚至自行毁灭的念头，都是这一类的顽敌。七情六欲不可避免，所以我们难免不被嗔、痴、贪等思想所冲击和诱惑。重要的是我们内心是否一直坚守自己的信仰，并在戒中生定，在定中生慧。

一个人要耐得住寂寞，经得起诱惑，还要承受住压力。说到底，需要内心有一股定力。

用定力抵制诱惑，让自己有暇思索人生、规划人生，让自己获得一份心灵的宁静。

某大公司准备以高薪雇用一名小车司机，经过层层筛选和考试之后，只剩下三名技术最优秀的竞争者。主考者问他们："悬崖边有块金子，你们开着车去拿，觉得能距离悬崖多近而又不至于掉落呢？""二公尺"第一位说。"半公尺"第二位很有把握地说。"我会尽量远离悬崖，愈远愈好。"第三位说。结果这家公司录取了第三位。

人生重要的不是所站的位置，而是所朝的方向。走出低谷的第一步，就是不要愈陷愈深。人要学会时时保持警惕，确保不被美丽的幻想诱惑而丧生礁石。一个人的一生，最大的苦难不是挫折，而是诱惑，它们无时无刻不在挑逗你身上的欲望，只有忍住欲望，才是能坚持的人也是能够成功的人。

冬天到了，一群野鸭正在天空向南飞去，它们编成了一支漂亮的"V"字形队伍，地面上的人们望见了，对它们钦慕不已。

在这支队伍中有一只名字叫作"沃莱"的野鸭子。有一天，它在高空向下望，地面上一个类似斑点一样的东西吸引了它的注意。这其实是一个养鸭场，那儿有一群被驯养的鸭子。它们啄着玉米，摇摇摆摆地在场地里走来走去。

沃莱见状，欣喜万分。它自言自语道："成天一直这样飞翔是多么累啊！我何不暂时去那儿溜达溜达，吃一些玉米，这简直太棒了！"沃莱考虑了片刻，就离开这支野鸭的编队，向左一个俯冲径直朝那个养鸭场飞去。

它在那群被驯养的鸭子中间落地，开始也和它们一样摇摇摆摆地走来走去，欢快地嘎嘎叫着，当然也毫不客气地吃起玉米来了。与此同时，天上的那群野鸭仍编着队一刻也不停留地继续它们向南迁飞的旅程。沃莱看在眼里，但是它不在乎，它暗想，当它们几个月后飞回来的时候它再加入编队中也不会为时太晚。

几个月的时间转瞬而过。当那群野鸭编队北归，飞过养鸭场上空的时候，沃莱望见了它们，它们飞得多么逍遥自在啊。沃莱开始对在养鸭场的生活感到厌倦了，因为在这儿无论它摆来摆去走到哪里都是泥浆，再则就是那些鸭子了。

"是到了该归队的时候了。"沃莱对自己说道。于是它使劲地拍打着翅膀想重新振翅高飞，但是沃莱曾经吃的所有玉米已经使它的体重增加了不少，而且它已很久没有锻炼过翅膀了。所以，它刚刚起飞就跌回到地面。因为飞得太低，它重重地跌在养鸭场的一侧。它叹息道，"唉，看来我只有再等几个月了，等到它们下一次往南迁飞的时候我再加入它们也不算太迟，到那时，我是可以再度成为一只野鸭的。"

秋去冬来，时光飞逝。当那支野鸭队伍又一次飞过头顶的时候，沃莱试图从养鸭场上再次振翅腾飞起来，但是，为时已晚，它实在力不从心。以后每个冬天和春天，它都望见那群它从前的野鸭朋友们飞过头顶，并且它们似乎总在对它大声呼喊，但是沃莱所有想飞离地面的努力都成为徒劳。最后，当那群野鸭飞过头顶的时候，沃莱不再刻意去注意它们了，有时甚至浑然不觉。事实上，它已变成一只地地道道的养鸭场上的鸭子了。

在我们整个的生命旅程中，一路上会遇到各种诱惑，如果我们只是忍不住想贪恋一粒玉米，那么，我们就会失去整个天空。